AF384059

NOTIONS

ÉLÉMENTAIRES

D'HISTOIRE NATURELLE

—

ZOOLOGIE

2378. — PARIS, IMPRIMERIE LALOUX FILS ET GUILLOT

7, rue des Canettes, 7

NOTIONS ÉLÉMENTAIRES

D'HISTOIRE NATURELLE

PAR G. DELAFOSSE

MEMBRE DE L'INSTITUT

ANCIEN PROFESSEUR AU MUSÉUM D'HISTOIRE NATURELLE

ET A LA FACULTÉ DES SCIENCES DE PARIS

ZOOLOGIE

NOUVELLE ÉDITION

AVEC 96 FIGURES INTERCALÉES DANS LE TEXTE

PARIS

LIBRAIRIE HACHETTE ET Cie

79, BOULEVARD SAINT-GERMAIN, 79

1880

NOTIONS ÉLÉMENTAIRES

D'HISTOIRE NATURELLE.

ZOOLOGIE.

DES ANIMAUX EN GÉNÉRAL.

La *zoologie* est la partie de l'histoire naturelle qui a pour objet l'étude des animaux. L'histoire naturelle est une branche des sciences physiques qui nous apprend à connaître les différents corps qui existent à la surface ou dans l'intérieur du globe.

Tous les corps dont l'ensemble constitue le globe terrestre se divisent en corps *organisés* et *vivants*, et en corps *bruts* et *inorganiques*. Les premiers sont composés de parties diverses, appelées *organes*, qui ont chacune une fonction particulière à remplir pour concourir à un phénomène général qu'on nomme la *vie*. Ils *naissent* toujours de corps qui leur ressemblent; ils *croissent* par intussusception ou nutrition, c'est-à-dire en recevant dans toutes les parties de leur tissu de nouvelles molécules qui viennent s'intercaler à celles qui existent déjà; ils se *reproduisent* ou donnent naissance à d'autres corps semblables à eux; enfin, ils *meurent* de vieillesse ou d'accident, et le mouvement vital une fois arrêté, leurs organes ne tardent pas à entrer en décomposition. Les corps de la seconde classe sont dépourvus de vie et d'organisation; ils se composent de molécules qui, sans se toucher, se retiennent entre elles pour constituer une seule masse homogène, et on peut les diviser en fragments de plus en plus petits, lesquels sont toujours de même nature que le corps entier. Ils se forment par la réunion d'un grand nombre de molécules semblables, en vertu des lois de l'attraction moléculaire, n'augmentent que par de nouvelles molécules qui viennent se poser en dehors contre les anciennes, ne perdent une partie de leur propre substance ou ne se détruisent complétement que par l'action d'une force qui leur est étrangère.

Les corps inorganiques naturels forment une classe particulière qu'on appelle le règne minéral; les corps organisés se subdivisent en deux autres groupes qu'on nomme le règne végétal et le règne animal. L'histoire naturelle se partage de même en trois branches, qui corres pondent à ces trois groupes : l'histoire naturelle des minéraux, ou la MINÉRALOGIE ; celle des végétaux, ou la BOTANIQUE ; et celle des animaux, ou la ZOOLOGIE.

Tous les êtres vivants, soit plantes, soit animaux, ont la faculté de se nourrir, c'est-à-dire d'accroître et de renouveler sans cesse les éléments dont leur corps se compose, en s'appropriant de nouvelles molécules empruntées aux substances qui les environnent, et en restituant au monde extérieur des portions de leur propre substance : cette faculté remarquable est ce qu'on nomme la *nutrition*. Tous ont aussi la faculté de reproduire leurs semblables; et chacun de ceux qui existent a fait autrefois partie d'un être semblable à lui, et dont il s'est séparé. Cette reproduction a lieu de plusieurs manières: dans les plantes et dans les animaux les plus simples, un fragment séparé de l'individu total repousse avec le temps toutes les parties qui lui manquent, et redevient complétement semblable à celui dont il faisait partie : c'est la génération par *bouture*. Dans d'autres cas, il se produit, en de certains endroits du corps de l'animal ou de la plante, des *bourgeons* qui contiennent de petits corps organisés, semblables, à la grandeur près, à ceux qui les produisent. Un autre mode enfin, et le plus ordinaire, est la génération

par les *œufs* ou les *graines :* le petit germe est
enfermé, avec la portion de nourriture qui lui
sera nécessaire pendant les premiers temps,
dans des enveloppes dont il se débarrasse quand
il a pris un certain accroissement. Mais dans
la plupart des espèces, une partie seulement
des individus sont aptes à produire de pareils
germes, tandis que les autres aident au développement de ces germes, qui resteraient in-
féconds sans leur concours : de là la distinction
des sexes.

Les deux grandes facultés dont nous venons
de parler, la nutrition et la reproduction, sont
communes aux animaux et aux végétaux. Mais
les premiers ont, de plus que les plantes, deux
autres facultés qui les caractérisent, savoir : la
sensibilité, par laquelle les animaux s'aperçoivent de ce qui se passe en eux et autour d'eux,
et la *locomotion*, par laquelle ils peuvent mouvoir leur corps à volonté, en tout ou en partie.
La vie animale comprend donc, outre les fonctions propres aux végétaux, qui sont la nutrition
et la reproduction, des fonctions particulières
qu'on peut appeler *fonctions animales*, ou *fonctions de relation*. Comme tout acte relatif à
une fonction suppose l'instrument ou l'organe
qui doit l'accomplir, il existe donc chez les animaux des organes de nutrition, des organes

de reproduction, des organes de locomotion et des organes de sensibilité. On nomme *système* ou *appareil* l'ensemble des organes qui concourent à une même fonction générale. Le corps de tout animal est une combinaison de plusieurs systèmes d'organes, qui sont en rapport les uns avec les autres.

Chez l'homme et chez tous les animaux dont l'organisation se rapproche de la sienne, les fonctions secondaires dans lesquelles se subdivisent les quatre fonctions générales, sont très-multipliées, et par conséquent aussi les organes qui correspondent à ces fonctions sont nombreux et variés. La base commune de tous ces organes est un tissu spongieux qu'on nomme *tissu cellulaire*, susceptible de se modifier diversement, et qui forme comme la trame de toutes les parties solides. Deux de ses principales modifications constituent le *tissu musculaire* (les muscles), organes actifs de la locomotion, et le *système nerveux* (les nerfs et masses médullaires), organes immédiats de la sensibilité. Le corps de l'animal est limité par une enveloppe résistante, dans laquelle se retrouvent ces différents tissus fondamentaux, et qu'on nomme *peau :* elle est plus ou moins douée, dans ses diverses parties, de sensibilité et de locomotion. C'est cette peau qui, en se repliant à l'intérieur du corps, va former les *membranes muqueuses* qui tapissent les parois des cavités intestinales, et particulièrement du canal alimentaire, qui règne depuis la bouche jusqu'à l'anus.

Le corps se divise en trois parties principales : la *tête*, le *tronc* et les *membres*. Sa forme générale est déterminée, chez l'homme et dans un grand nombre d'animaux, par une charpente solide, composée d'un grand nombre d'os, et appelée *squelette*. Un appareil digestif, dont les diverses portions sont distribuées le long du canal alimentaire, est destiné à faire subir aux aliments une préparation nécessaire pour qu'ils deviennent propres à nourrir le corps : cette préparation se nomme la *digestion*. Les aliments saisis, soit avec les membres antérieurs, soit avec les lèvres, sont introduits dans la *bouche*, humectés par la salive, broyés par les *dents* et les *mâchoires*, avalés à l'aide des mouvements de la langue et du gosier; ils séjournent dans l'*estomac*, où un suc particulier les imbibe et les réduit en une pâte qu'on nomme *chyme*; ils passent ensuite dans les *intestins*, où ils se mêlent à la bile que produit le *foie*, et au suc que verse le *pancréas* ; enfin, ils sont promenés successivement dans toute la longueur des intestins par un mouvement qui leur est propre, et la partie nutritive, qu'on nomme *chyle*, absorbée à leur surface interne, va se mêler au *sang*, qui est le véritable liquide nourricier, tandis que le résidu inutile est rejeté au dehors comme excrément. Il y a de plus, chez les animaux dont il est question, un second système d'organes qu'on nomme les *organes de la respiration*, et dont les *poumons* constituent la partie essentielle. Le chyle qui a été absorbé par les parois des intestins, et le sang qui a déjà servi à nourrir les organes, ont besoin d'être portés dans les poumons, pour y être élaborés, renouvelés et vivifiés par l'action de l'air; cette élaboration est ce qu'on nomme la *respiration*. Mais ce transport du liquide nourricier, de toutes les parties du corps vers les poumons, et des poumons vers ces mêmes parties, nécessite un troisième système d'organes, qu'on appelle les *organes de la circulation:* ils comprennent les *vaisseaux*, qui conduisent et dirigent le liquide, et le *cœur*, qui sert à lui imprimer le mouvement. Enfin, il y a chez ces animaux des *muscles* pour produire les mouvements, un *cerveau*, des *nerfs* et des *organes des sens*, par lesquels s'exercent la sensibilité et la volonté. Tels sont les différents systèmes d'organes qui composent le corps des animaux appartenant aux classes les plus élevées. Nous allons les exposer plus en détail, en les considérant tels qu'ils s'offrent dans l'homme.

DES FONCTIONS DE LA NUTRITION.

La nutrition, cette grande fonction des corps organisés, se compose, chez l'homme et chez beaucoup d'animaux, de plusieurs fonctions particulières que l'on peut rapporter à trois principales : la *digestion*, la *respiration* et la *circulation*. A chacune de ces fonctions secondaires correspond un système d'organes dont les parties les plus importantes sont l'estomac, le foie et les intestins pour le système digestif, les poumons pour le système respiratoire, et le cœur pour celui de la circulation. La partie du corps qu'on nomme le tronc a deux cavités principales, le thorax ou la poitrine, et l'abdomen ou le bas-ventre; elles sont séparées l'une de l'autre par une cloison charnue qu'on appelle le *diaphragme*. C'est dans la poitrine que se trouvent le cœur et les poumons ; la cavité abdominale renferme l'estomac, le foie et les intestins.

La nutrition s'opère à l'aide d'un liquide particulier qui circule dans toutes les parties du corps, déposant continuellement dans les divers organes les matières propres à leur entretien, que lui fournissent la digestion et la respiration, et entraînant avec lui les particules qui se détachent de ces mêmes organes, pour les rejeter au dehors. Ce liquide, dont la composition s'altère et se renouvelle sans cesse, est le *sang*, dont la couleur est rouge chez tous les animaux qui, par leur organisation, se rapprochent de l'homme. En examinant ce sang au microscope, on voit qu'il est formé de deux parties distinctes : d'un liquide transparent auquel on a donné le nom de *sérum*, et d'une foule de petits globules colorés qui nagent dans ce liquide. Peu d'instants après que le sang a cessé de circuler, il se sépare de lui-même en deux parties : l'une liquide, jaunâtre et transparente, formée par le sérum ; l'autre, solide, molle, opaque, et d'un brun rougeâtre, à laquelle on donne le nom de *caillot*. Les propriétés du sang ne sont pas les mêmes, lorsque, après avoir servi à la nutrition des diverses parties du corps, il revient vers le poumon, ou quand, après avoir éprouvé l'action de l'air dans cet organe, il retourne ensuite vers ces mêmes parties : dans le premier cas, il est d'un rouge noirâtre, et ne possède plus la faculté d'entretenir la vie ; on le nomme alors *sang véineux* ou *sang noir ;* dans le second cas, il est d'une couleur rouge vermeille, et porte le nom de *sang artériel.*

1. De la digestion.

La digestion a pour objet la transformation des aliments en un liquide particulier qu'on nomme *chyle*, et qui doit servir à réparer les pertes continuelles que le sang éprouve. Elle comprend un grand nombre de fonctions secondaires, qui sont : la préhension des aliments, la mastication, l'insalivation, la déglutition, la chymification, la chylification, et l'absorption du chyle. La préhension des aliments s'opère dans l'homme à l'aide des mains et de la bouche, dont les bords, appelés *lèvres*, sont composés d'une double peau et de muscles intermédiaires. La cavité de la bouche renferme les organes de mastication (les dents et les mâchoires), ceux de l'insalivation (les glandes salivaires) et ceux de la déglutition (la langue et le palais). La mastication s'opère à l'aide des dents, et par l'action de la mâchoire inférieure sur la supérieure, au moyen des muscles qui l'élèvent ou qui l'abaissent. Les dents sont de petits corps extrêmement durs, d'apparence osseuse, qui garnissent le bord de chaque mâchoire. Ces mâchoires sont en outre revêtues par les gencives, qui constituent une portion de la membrane dont la cavité buccale est tapissée. On distingue dans les dents deux parties : la couronne, qui est saillante hors de la gencive, et la racine, qui est plus ou moins cachée au-dessous et enfoncée dans un trou de la mâchoire, appelé *alvéole*. On nomme *incisives* celles qui sont placées au milieu de la mâchoire, et dont le bord tranchant est propre à couper les aliments ; on nomme *canines* celles qui viennent après, qui ont une forme pointue qui les rend propres à déchirer, et correspondent aux crochets du chien. On appelle *molaires* celles qui, placées en arrière des canines, ont une couronne plus ou moins large et tuberculeuse, qui leur sert à broyer les aliments, comme feraient des meules de moulin. On les distingue quelquefois en petites molaires, qui n'ont qu'une racine comme les canines et les incisives, et en grosses molaires ou mâchelières, qui ont plusieurs racines. Dans l'homme, il y a seize dents à chaque mâchoire, savoir : quatre incisives tranchantes au milieu, deux canines pointues aux coins, et dix molaires en arrière des canines de chaque côté.

L'insalivation est l'acte par lequel les aliments s'imbibent de certains liquides contenus dans la bouche, et entre autres de la salive, qui est fournie par de petites glandes placées sous la peau, entre les oreilles, entre les branches de la mâchoire inférieure et sous la langue. Les aliments, broyés par les dents et humectés par la salive, se réduisent en une sorte de pâte. La déglutition consiste dans le transport de cette pâte alimentaire dans l'estomac. Elle s'opère par le moyen de la langue qui, en se rejetant en arrière, pousse les aliments dans l'arrière-gorge ou *pharynx*, d'où ils passent dans l'œsophage, canal membraneux, garni de fibres musculaires, qui descend le long du cou et de la poitrine, et se rend à l'estomac. C'est par les contractions successives des muscles du pharynx et des fibres de l'œsophage que les aliments sont conduits de la bouche dans l'estomac. Lorsqu'ils sont poussés dans l'arrière-bouche, le voile du palais, prolongement flexible de la membrane qui tapisse la partie supérieure de la cavité buccale, se relève pour les empêcher d'entrer dans les fosses nasales. En même temps, une autre pièce mobile, *l'épiglotte*, s'abaisse comme une soupape pour fermer la glotte, ouverture du canal respiratoire, devant laquelle les aliments passent sans pouvoir y pénétrer.

Après avoir percé le diaphragme, et pénétré dans le bas-ventre ou l'abdomen, l'œsophage se dilate plus ou moins pour former une sorte de poche membraneuse placée en travers, au-dessous du diaphragme et vers la gauche. L'orifice pur lequel l'œsophage entre dans l'estomac se nomme *cardia*; l'orifice de sortie des aliments, par lequel l'estomac communique avec les intestins, est le *pylore*. C'est dans l'estomac que s'opère la chymification, ou cette première digestion qui consiste dans la conversion en chyme des substances alimentaires : on nomme ainsi une sorte de bouillie homogène et grisâtre dans laquelle elles se réduisent, après avoir été pénétrées par un suc propre à les dissoudre, appelé *suc gastrique*, et provenant de petites glandes qui s'ouvrent dans l'épaisseur des membranes de l'estomac. La chylification, ou formation du chyle (sorte de liquide laiteux) au moyen de la pâte chymeuse, s'opère dans une autre partie du canal alimentaire, appelée *duodénum*, au moyen de deux fluides d'une nature particulière, la bile et le suc pancréatique, sécrétés par deux grosses glandes qui sont le foie et le *pancréas*. Le duodénum est la première partie des intestins proprement dits; le foie, qui produit la bile, est une glande très-volumineuse, de couleur brune, qui occupe le haut de l'abdomen, vers la droite, et s'appuie contre l'estomac. Le pancréas est une sorte de glande salivaire abdominale, placée transversalement dans un repli du duodénum, au-devant de la colonne vertébrale. C'est dans la cavité duodénale que s'opère la séparation du chyle et du résidu des aliments, qui doit être rejeté au dehors sous le nom d'excréments. Après le duodénum viennent les intestins, qui remplissent presque tout le reste de la cavité abdominale, en y faisant des circonvolutions considérables, et qui sont en partie recouverts par les replis d'un sac membraneux appelé le *péritoine*. Ils se divisent en deux parties principales : la première, très-étroite, qu'on nomme l'*intestin grêle* ; la seconde, beaucoup plus grosse, nommée *gros intestin*. Le premier, qui est le plus long, forme, par ses contours multipliés, une masse circonscrite de tous côtés par le gros intestin ; c'est principalement le long de ses parois que s'opère l'absorption du chyle par le moyen de petits canaux appelés *vaisseaux chylifères*, qui naissent de tous les points de la membrane intestinale, comme les racines d'un arbre, et, après s'être réunis en un gros tronc, vont déboucher dans les veines. La pâte alimentaire est promenée successivement dans toute la longueur des intestins, par la contraction successive de leurs fibres musculaires, qui produit un mouvement lent, semblable à celui d'un ver qui rampe ; il s'y mêle une humeur qui suinte de leurs parois. Le résidu de la digestion se rassemble dans le gros intestin, d'où il est rejeté au dehors par l'orifice postérieur du canal intestinal.

2. De la respiration.

Le chyle ou la liqueur produite par la digestion, ne se rend pas immédiatement aux organes pour les nourrir, après son absorption, parce qu'il a besoin, ainsi que le sang veineux qui a déjà servi à la nutrition, d'être élaboré par la *respiration* : on nomme ainsi la fonction par laquelle le sang est mis en contact avec l'air, qui le transforme par son action et lui rend ses propriétés nutritives. Elle s'opère dans des espèces de poches nommées *poumons*, où l'air pénètre par un canal unique et allongé, qui sert aussi à la formation de la voix. Le canal pulmonaire s'ouvre dans le gosier, à la racine de la langue. Le commencement de ce canal, plus évasé, et composé de différentes pièces solides, mobiles les unes sur les autres, est le *larynx*, organe de la voix : son ouverture dans l'arrière-bouche se nomme *glotte*. A la suite du larynx, le canal pulmonaire prend le nom de *trachée-artère* : il est soutenu par une série d'anneaux solides non fermés, placés à distance les uns des autres, et qui maintiennent son diamètre intérieur. Il descend le long du cou, au-devant de l'œsophage, pénètre dans la poitrine et se divise en deux branches, l'une à droite, l'autre à gauche, qui portent le nom de *bronches*, et se rendent aux poumons en se ramifiant et se subdivisant de plus en plus. Les poumons, au nombre de deux, l'un droit et l'autre gauche, sont des organes spongieux, contenus dans la cavité de la poitrine, et formés par la réunion d'un grand nombre de cellules qui communiquent toutes les unes avec les autres. C'est dans ces cellules que pénètre l'air extérieur; il y arrive et il en sort alternativement par les mouvements contraires de l'aspiration et de l'expiration. Dans le premier cas, le volume des poumons augmente; dans le second, il diminue. Le sang, de son côté, arrive dans les parois des cellules pulmonaires, et en sort par des vaisseaux réduits à une extrême ténuité. Chaque poumon est enveloppé par une membrane appelée *plèvre*, qui, ayant la forme d'un sac sans ouverture, tapisse à la fois la surface externe de ces viscères et la face interne de la poitrine. Le sang qui arrive dans les poumons est du sang veineux mêlé de chyle ; sa couleur est d'un rouge noirâtre, et il n'est pas propre à entretenir la vie dans les organes. Ce sang noir parvient du cœur aux poumons par les subdivisions de l'artère pulmonaire, dans laquelle il est poussé par les contractions de cette partie du cœur qu'on nomme le ventricule droit. Aussitôt qu'il est arrivé dans les parois des cellules, il éprouve l'action de l'air qui le transforme instantanément en sang rouge, et retourne au cœur par les vaisseaux appelés *veines pulmonaires*. En même temps que la respiration change la couleur du sang, elle l'échauffe, et le poumon est ainsi le principal foyer de la chaleur animale. L'air qui pénètre dans les poumons est composé de deux principes différents, l'oxygène et l'azote, et c'est au premier de ces deux fluides qu'il doit ses propriétés vivifiantes. Dans l'acte de la respiration, le sang absorbe de l'oyxgène et exhale avec de la vapeur d'eau, un autre fluide (le gaz acide carbonique), qui se produit aussi dans la combustion du charbon. L'air qui sort du poumon ne ressemble donc plus à celui qui s'y était introduit; il ne peut plus servir à vivifier le sang, et c'est pour cela que le fluide atmosphérique a besoin d'être renouvelé sans cesse dans l'organe respiratoire. Ce renouvellement est produit par les mouvements alternatifs de l'expiration et de l'inspiration. Dans l'inspiration, la cavité de la poitrine s'agrandit, et par suite les poumons se dilatent : car leur surface, étant appliquée exactement contre les parois de la poitrine, est forcée d'en suivre tous les mouvements. Alors l'air, pressé par le poids de l'atmosphère, s'introduit par la bouche ou les fosses nasales dans la trachée-artère, et va remplir les cellules pulmonaires. Cet agrandissement de la poitrine est produit par l'élévation des côtes et par la contraction du diaphragme. Ce muscle, qui sépare la poitrine de l'abdomen a, dans l'état de relâchement, la forme d'une voûte qui s'élève entre les deux cavités ; en se contractant, il aplatit sa convexité, et, refoulant en bas les viscères abdominaux, augmente la capacité de la poitrine aux dépens de celle du bas-ventre. L'expiration est produite en partie par l'élasticité des poumons qui tendent à revenir sur eux-mêmes, dès que l'acte d'inspiration a cessé, en partie par la diminution de la cavité de la poitrine, opérée par les muscles qui entourent le bas-ventre, et qui, par leurs contractions, refoulent vers le haut les viscères abdominaux avec le diaphragme[1].

3. De la circulation.

Le sang, ce fluide nourricier différent du chyle, mais que celui-ci renouvelle avec le con-

---

1. Voyez, pour plus de détails, mon *Précis d'Histoire naturelle*, 9ᵉ édit., pages 37 et suiv. Hachette et Cᵉ, 1862.

cours de la respiration, traverse sans cesse les organes qu'il sert à nourrir, de là se rend aux poumons pour y éprouver l'influence de l'air, et retourne ensuite vers les organes. Cette circulation du sang a lieu dans un ensemble de canaux appelés *vaisseaux sanguins*, et est entretenue par un agent d'impulsion qu'on nomme *cœur*. Le cœur et les vaisseaux sont donc les organes de la circulation. On distingue deux ordres de vaisseaux : les uns, appelés *artères*, conduisent le sang du cœur dans toutes les parties du corps; les autres, nommés *veines*, rapportent ce liquide des différents organes vers le cœur. Ces vaisseaux se partagent en plusieurs systèmes dont chacun fait un tout qui offre en quelque sorte l'image d'un arbre, car il se compose d'un tronc qui se subdivise en branches et en rameaux de plus en plus amincis, au point que les dernières ramifications échappent à l'œil par leur petitesse. Ces systèmes communiquent entre eux, soit immédiatement par leurs ramifications extrêmes, soit par leurs troncs au moyen du cœur interposé entre eux. Les artères ont des parois élastiques et plus épaisses que les veines, et elles sont situées plus profondément. Elles vont continuellement en décroissant, à mesure qu'elles s'éloignent du cœur et, par conséquent, dans le sens où se meut le sang qui les gonfle ; les veines, au contraire, offrent au sang des conduits qui vont toujours en augmentant de diamètre ; leurs parois sont minces, susceptibles d'affaissement, et ont des replis intérieurs, ou des valvules, placés de distance en distance, et dirigés dans le sens que doit avoir le fluide qu'elles charrient, c'est-à-dire du côté du cœur. Les artères se terminent et les veines commencent par de petits canaux très-étroits, invisibles à l'œil, et qu'on nomme les *vaisseaux capillaires*.

Le *cœur* est un muscle creux, situé en avant entre les deux poumons, dans la cavité de la poitrine, à l'endroit où les troncs des systèmes veineux et artériel communiquent ensemble. Il est enveloppé par un sac membraneux replié sur lui-même, qu'on nomme *péricarde*. Son extrémité inférieure, terminée en pointe, se dirige un peu obliquement vers la gauche. Son intérieur est divisé par une cloison verticale en deux moitiés, composées chacune de deux cavités superposées, une *oreillette* en dessus et un *ventricule* dans la partie inférieure. Les deux côtés du cœur ne communiquent point directement entre eux ; mais chaque oreillette s'ouvre dans le ventricule du même côté. Les cavités du côté gauche du cœur contiennent du sang artériel, celles du côté droit, du sang veineux.

Chaque oreillette reçoit le sang d'un tronc veineux, le verse dans le ventricule, qui, par sa contraction, le chasse à son tour dans un tronc artériel. Lorsque le ventricule gauche se contracte, il pousse le sang rouge qu'il contient dans un gros tronc artériel qu'on nomme l'*aorte* d'où il se distribue, par un grand nombre de branches et de rameaux, à toutes les parties du corps. Il en revient à l'état de sang noirâtre par les veines, et finit par rentrer dans le cœur par les troncs communs, appelés *veines caves supérieure et inférieure*, qui débouchent dans l'oreillette droite. Ce sang veineux, qui a besoin d'être régénéré par la respiration, passe dans le ventricule droit, et celui-ci, par ses contractions, le pousse dans un tronc artériel appelé *artère pulmonaire*, dont les ramifications le portent et le distribuent aux poumons. Il en revient à l'état de sang rouge par les *veines pulmonaires*, qui aboutissent à l'oreillette gauche, d'où il passe dans le ventricule correspondant, et ainsi de suite. Il y a aux deux orifices de communication de chaque ventricule avec son oreillette et son tronc artériel, des espèces de soupapes disposées de manière à empêcher le reflux du sang en arrière. Ainsi le ventricule ne peut se contracter sans se vider dans les artères, qu'il gonfle en poussant en avant le sang qu'elles contiennent, et c'est ce gonflement des artères qui suit chaque pulsation du cœur, qu'on appelle le *pouls*.

C'est lors de son passage des extrémités artérielles aux extrémités veineuses que le sang opère sa nutrition ; et c'est à cause de cela qu'il change alors de nature et de couleur. Les particules qui ont transsudé des extrémités des artères ne sont pas toutes employées à la nutrition ; le résidu retourne dans la masse du sang avec les particules qui se détachent des organes solides, par des vaisseaux déliés, appelés *vaisseaux lymphatiques*, d'une structure analogue à celle des veines. Ces vaisseaux prennent leur origine de tous les points du canal intestinal, de la peau et du tissu interne des organes, et vont aboutir la plupart à un tronc commun, qui débouche dans une grosse veine de la poitrine.

Le sang se débarrasse d'une partie des substances qui lui sont inutiles ou nuisibles, en filtrant à travers des organes déterminés qu'on appelle *glandes* ou *follicules* ; cette opération se nomme *sécrétion*. C'est ainsi que se forment les diverses humeurs qui se séparent du sang, pour servir dans le corps à certains usages, telles que la bile, la salive et le suc pancréatique ; ou pour être simplement expulsées, telles que la sueur, l'haleine et l'urine. Celle-ci se sécrète dans les *reins*, et s'amasse dans la *vessie*, avant d'être rejetée au dehors.

DES FONCTIONS DE RELATION.

Les fonctions de relation sont celles qui servent à mettre l'animal en rapport avec les corps extérieurs, et par lesquelles il reçoit l'impression de ces corps, et peut s'en éloigner ou s'en rapprocher. Elles s'exécutent à l'aide de deux grands systèmes d'organes, les organes du mouvement et les organes des sensations.

1. Des organes du mouvement.

L'appareil de la locomotion, considéré dans le corps de l'homme, se compose de deux sortes de parties en rapport l'une avec l'autre, savoir : de *muscles* et d'*os*. Les muscles sont des organes charnus, formés de faisceaux de fibres contractiles placés généralement au-dessous de la peau, et attachés par leurs extrémités à des parties mobiles du corps, tels que les os ou certaines portions de la peau. Les os, dont l'ensemble constitue la charpente solide du corps, ou ce que l'on nomme le *squelette*, sont des parties dures, résistantes, servant comme de leviers, et prenant les unes sur les autres des points d'appui, que l'on appelle *articulations*. Les os ne se meuvent que par les contractions des muscles qui s'y attachent : les muscles sont donc les organes actifs de la locomotion, et les os en sont les organes passifs.

Les os forment, par leur réunion, le squelette, espèce de charpente qui détermine la solidité et en très-grande partie la forme du corps, et sert à protéger les organes les plus importants de la vie. Ils sont composés d'une sorte de tissu organique formé de gélatine, et dans les interstices duquel se sont déposées des parties pierreuses, qui l'ont solidifié, et qui sont du phosphate et du carbonate de chaux. La colle forte n'est qu'une gélatine durcie par le desséchement. Tous les os commencent par être à l'état cartilagineux, c'est-à-dire mous, flexibles et presque entièrement réduits à leur partie gélatineuse; le phosphate de chaux, qui leur donne leur opacité et leur consistance, s'y dépose par degrés, de manière que sa proportion augmente avec l'âge. Les os qui, dans un âge avancé, se montrent encore voisins de l'état particulier où ils étaient à l'origine, conservent le nom de *cartilage*. Les os proprement dits perdent par la calcination leur partie organique, et se réduisent à leur partie pierreuse : celle-ci au contraire, disparaît, et les os sont réduits à l'état de cartilages flexibles, lorsqu'on les plonge dans une certaine liqueur acide. Les os se divisent, d'après leurs formes, en os longs, en os courts, en os plats ou larges : les os longs présentent ordinairement une cavité intérieure, cylindrique, remplie d'une graisse fine, appelée communément moelle des os. La substance des os est, dans certaines parties, légère et spongieuse, et, dans d'autres, dense et compacte. La surface des os est souvent surmontée par des éminences auxquelles on donne le nom général d'apophyses ; celles qui sont situées à l'extrémité des os servent aux diverses sortes d'articulations et prennent, suivant leur forme, les noms de tête, de condyle (espèce de tête ovalaire), de dentelure, etc. Les os sont revêtus d'une membrane nommée *périoste*, qui se continue de l'un à l'autre en passant par-dessus les jointures, et en formant par là des espèces de gaînes qui contiennent les articulations. Il y a de plus, dans toutes celles qui sont mobiles, des ligaments formés d'un tissu blanc fibreux, qui contribuent encore mieux que les gaînes membraneuses à borner les mouvements des os. Les faces d'articulation des os mobiles sont recouvertes d'une substance élastique, propre à amortir les chocs ; elle est enduite d'une humeur visqueuse, appelée *synovie*, qui sert à diminuer le frottement des extrémités articulaires. Les jonctions ou articulations des os sont de plusieurs sortes. Il y a des articulations fixes, qui ne permettent aux os aucun mouvement : il y a des articulations demi-mobiles, qui permettent un mouvement obscur et borné ; enfin, il en est de mobiles, dans lesquelles les faces des os qui se regardent peuvent jouer librement l'une sur l'autre, soit dans un seul, soit dans plusieurs sens ; l'étendue et la direction de ces mouvements dépendent des ligaments qui entourent les articulations, et surtout de la forme des creux et des éminences de leurs faces articulaires.

Le squelette se divise en *tronc*, *tête* et *membres*. Le tronc a pour axe la *colonne vertébrale*, ou l'épine du dos, formée par la réunion de petits os courts, appelés *vertèbres*, placés à la file les uns des autres, et joints par des ligaments qui ne leur laissent qu'un mouvement peu considérable. Chaque vertèbre est composée d'un corps placé en avant, et d'une partie annulaire, qui forme, avec celle des autres, un canal continu dans lequel est la moelle épinière. Elle présente, en outre, diverses éminences pour l'attache des muscles, et, sur les côtés, des échancrures pour la sortie des nerfs. On compte dans l'homme trente-deux vertèbres, dont sept

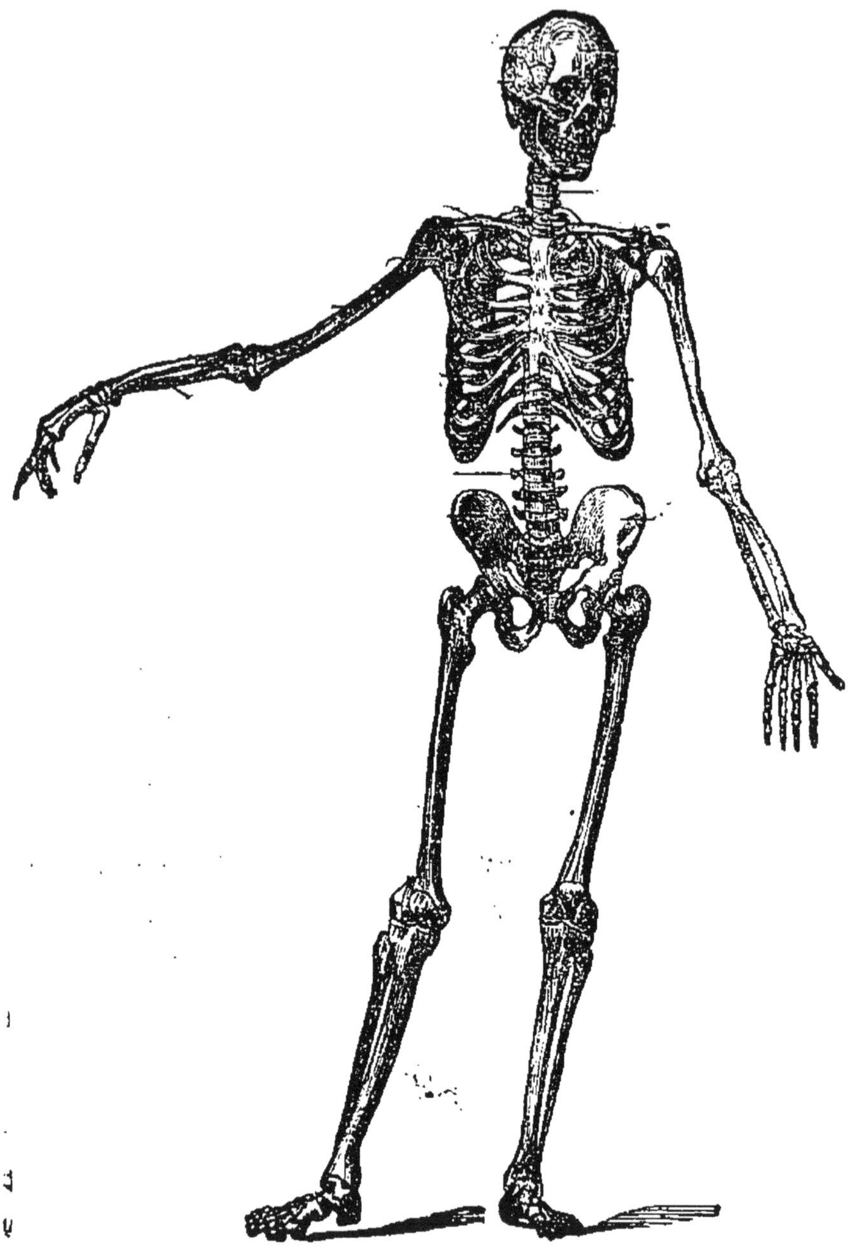

Fig. 1. Squelette humain.

dans la région cervicale, douze dans la région

dorsale, cinq dans la région lombaire, cinq dans la région sacrée, et trois dans la région caudale ou coccygienne. La première des cervicales se nomme atlas : elle porte la tête. Les douze vertèbres dorsales portent chacune deux côtes. Les sacrées sont soudées en une seule pièce, nommée *sacrum*, à laquelle s'attachent les os des hanches. Les caudales, qui représentent imparfaitement la queue des quadrupèdes, sont petites, cachées sous la peau, où elles forment cette protubérance qu'on nomme le croupion ou le coccyx. Outre la colonne vertébrale, le tronc comprend encore les côtes, le sternum et les os des hanches. Les côtes, au nombre de douze paires, sont des arcs osseux qui entourent la cavité de la poitrine, et, par leurs mouvements, l'élargissent ou la rétrécissent pour la respiration. Les sept premières, nommées *vraies côtes*, vont s'unir, par des prolongements cartilagineux, avec un os large et plat, situé devant la poitrine, et qu'on nomme *sternum ;* les cinq suivantes se nomment *fausses côtes*. Les os des hanches, appelés aussi *os iliaques*, sont deux os larges, réunis entre eux en avant, et articulés en arrière avec le sacrum, de manière à former au bas du tronc une sorte de ceinture osseuse qu'on nomme *bassin*.

La tête, qui est portée sur la colonne vertébrale, se compose du *crâne* et de la *face*. Le crâne est une boîte osseuse, de forme ovale, et qui contient le cerveau ; sa base est percée d'un grand trou par lequel passe la moelle épinière. Cette boîte est formée par la réunion de plusieurs os plats, qui sont : en haut et en avant, le frontal ; en haut et sur les côtés, les deux pariétaux ; l'occipital à la partie inférieure et postérieure ; inférieurement sur les côtes, les deux temporaux ; inférieurement et en avant, l'ethmoïde ; enfin, à la base du crâne, le sphénoïde, placé comme un coin au milieu des précédents. La face, située au devant de la partie inférieure du crâne, est une agrégation de plusieurs os, formant des cavités dans lesquelles sont renfermés les organes des sens, ou constituant les mâchoires qui servent à la nutrition. Elle comprend les os lacrymaux, placés aux côtés internes des orbites, les os du nez, ceux des pommettes, les os de la voûte du palais, les deux maxillaires supérieurs, et l'os de la mâchoire inférieure, le seul qui soit mobile. La langue est soutenue, ainsi que le larynx, par un os particulier nommé *hyoïde*, mais qui ne tient au crâne que par des ligaments.

Les *membres* sont au nombre de quatre, deux supérieurs et deux inférieurs. Les membres supérieurs se composent de quatres parties :

l'épaule, le bras, l'avant-bras et la main. L'épaule se compose de deux os qui se réunissent en angle, et sont mobiles au point de leur jonction. L'un de ces os, le supérieur, placé derrière les côtes, est toujours libre et suspendu dans les chairs : c'est l'omoplate, qui est un os plat et triangulaire. Le second (la clavicule), placé au devant de la première côte, s'articule avec le sternum. Le bras est formé d'un seul os que l'on appelle l'*humérus*, qui s'articule en haut par une tête arrondie avec l'omoplate. L'avant-bras est formé de deux os placés l'un à côté de l'autre, et qui sont en dedans le *cubitus*, et en dehors le *radius*. La main comprend le carpe, le métacarpe et les doigts. Le *carpe* ou le poignet est composé de huit petits os formant deux rangées et n'ayant les uns sur les autres qu'un mouvement obscur. Le corps de la main, ou *métacarpe*, est composé de cinq os longs, qui portent chacun un doigt, et qui sont retenus entre eux au moyen de ligaments, excepté celui qui porte le pouce. Les doigts se partagent en *phalanges* ou osselets, dont les articulations se font par charnière, à l'exception de la première, qui a lieu par une tête arrondie. Le pouce n'a que deux phalanges ; les autres doigts en ont chacun trois.

Les membres inférieurs sont composés de

même de quatre parties analogues à celles des membres supérieurs : la *hanche* correspond à l'épaule, la *cuisse* au bras, la *jambe* à l'avant-bras, et le *pied* représente la main. Nous avons déjà parlé de la hanche, qui se compose de plusieurs os, ainsi que l'épaule. La cuisse est formée d'un seul os, que l'on appelle *fémur*. Il a à son extrémité supérieure une tête sphérique, portée sur un col oblique, et par laquelle il s'articule avec la hanche ; son extrémité inférieure offre une articulation en charnière, comme celle de l'humérus. La jambe est, ainsi que l'avant-bras, formée de deux os placés l'un à côté de l'autre : le *tibia* en dedans, le *péroné* en dehors. Au devant de l'articulation des os de la jambe avec la cuisse est placé un petit os que l'on nomme *rotule*, qui empêche la jambe de se fléchir trop en avant. Le pied est, comme la main, divisé en trois portions, le tarse, le métatarse et les orteils. Le tarse est composé de sept os sur deux rangées ; le métatarse est formé de cinq os longs, retenus entre eux par des ligaments comme ceux du métacarpe. Celui du pouce ne se meut pas indépendamment des autres, comme dans la main. Le pouce est plus gros et plus long que les autres doigts ; il n'a que deux phalanges ; les autres en ont chacun trois.

2. Des organes des sensations.

La faculté de percevoir les sensations, de les juger, et de déterminer le mouvement dans nos organes, réside dans un appareil particulier que l'on nomme *système nerveux*. Il se compose du cerveau, de la moelle épinière, et de tous les nerfs qui se rendent à ces deux parties centrales. Les nerfs sont des espèces de cordons minces et blanchâtres, implantés par une de leurs extrémités dans la moelle épinière ou dans le cerveau, et se ramifiant du côté opposé pour aller se distribuer aux organes, et se perdre dans la trame de leur tissu. Le cerveau, contenu dans le crâne, est le véritable centre où aboutissent toutes les sensations externes ou internes, et d'où partent les ordres de la volonté. La moelle épinière est une sorte de tige ou de prolongement de cette partie centrale dans le canal des vertèbres. C'est par les nerfs que se transmet à la moelle, et par suite au cerveau, ou directement à celui-ci, l'action des corps extérieurs sur nos organes ; et c'est aussi par les nerfs que se transmet la réaction volontaire du cerveau sur ces organes, c'est-à-dire l'excitation des mouvements. Nous ne sentons, nous ne pouvons déterminer de mouvement dans une partie de notre corps qu'autant que les nerfs qui en viennent communiquent librement avec la moelle épinière et celle-ci avec le cerveau. Aussi, lorsqu'un nerf vient à être coupé, l'organe auquel il se rend perd la faculté de sentir et d'exécuter des mouvements volontaires.

On distingue dans l'appareil dont il est question deux parties principales : le *système cérébro-spinal*, qui préside aux fonctions de la vie animale, et le *système du grand sympathique*, ou système nerveux de la vie organique. Celui-ci se compose d'un certain nombre de petites masses nerveuses, appelées *ganglions*, disposées sur les parties latérales du corps ou dans l'intérieur, près des principaux viscères de la nutrition ; et d'une foule de petits filets nerveux qui unissent les ganglions entre eux et avec ces viscères. Ce système préside aux mouvements qui sont hors de l'influence de la volonté, tels que les contractions du cœur, et l'action de l'estomac sur les aliments.

Le système cérébro-spinal est composé de l'encéphale, de la moelle épinière, et des nerfs cérébraux et spinaux. L'encéphale est une grosse masse nerveuse de forme ovalaire, qui remplit la cavité du crâne ; sa partie supérieure est le cerveau proprement dit, qui est divisé par un sillon très-profond en deux moitiés longitudinales appelées les hémisphères du cerveau; ces hémisphères présentent à leur surface des circonvolutions nombreuses , c'est-à-dire des éminences sinueuses séparées par des anfractuosités ; et ils contiennent, dans leur intérieur, les cavités qu'on nomme des ventricules. On distingue dans la substance qui les compose deux matières, l'une blanche à l'intérieur l'autre de couleur grise à la superficie. En arrière et au-dessous du cerveau est une autre masse nerveuse, beaucoup moins volumineuse, qu'on nomme le cervelet. De ces deux masses nerveuses naît la *moelle allongée*, qui est comme leur base commune et leur sert d'union. Le prolongement de cette troisième partie dans le canal des vertèbres constitue la *moelle épinière*. Un grand nombre de nerfs sortent de la base du cerveau et des côtés de la moelle épinière, pour aller se ramifier dans les diverses parties du corps. On compte onze paires de nerfs cérébraux, et trente-deux paires de nerfs spinaux.

Les organes des sens sont destinés à recevoir certaines impressions des corps extérieurs, et à les transmettre par les nerfs au cerveau. Les sens externes sont au nombre de cinq, savoir : *le toucher*, le *goût*, l'*odorat*, la *vue* et l'*ouie*. La peau générale du corps est l'organe du toucher : on y distingue trois parties principales, dont deux existent en couches distinctes ; ces deux parties sont l'épiderme et le derme. La troisième est interposée entre elles ; c'est un tissu vasculaire et nerveux, au milieu duquel se dépose la matière colorante de la peau. Les nerfs qui partent du cerveau fournissent, après s'être subdivisés un grand nombre de fois des filets déliés qui viennent ramper dans ce tissu de la peau. C'est à cela que la peau doit sa sensibilité. L'épiderme, qui est la membrane la plus extérieure, est tout à fait insensible ; il sert à amortir l'action des corps sur les nerfs de la peau ; il se régénère promptement lorsqu'il a été détruit. Les poils et les ongles sont de nature analogue à celle de l'épiderme, et se régénèrent de même. On doit distinguer deux sortes de toucher : l'un passif, qui appartient plus ou moins à toutes les parties du corps, et par lequel nous sentons les corps extérieurs, quand ils viennent nous choquer ; l'autre actif et volontaire, qui ne s'opère que dans certaines parties du corps, convenablement disposées, et auquel on donne le nom particulier de *tact*. C'est dans la main de l'homme que l'on trouve l'organe du tact le plus parfait. La finesse de la peau, la grande mobilité des doigts et la possibilité d'opposer le pouce à tous les autres, telles sont les circonstances qui contribuent le plus à perfectionner cet organe.

Le sens du goût est celui qui s'éloigne le moins du toucher ; il a pour objet de nous faire apercevoir certains corps extérieurs au moyen d'une de leurs propriétés qu'on nomme la saveur. Tous les corps ne sont pas sapides, et une condition indispensable pour qu'ils aient de la saveur, c'est qu'ils puissent se dissoudre dans l'eau. Le sens du goût a son siége sur la peau, dans la cavité de la bouche, et particulièrement sur la langue et la voûte du palais. Les substances sapides que l'on introduit dans la cavité buccale sont dissoutes par les fluides qu'y versent les glandes salivaires ; et alors les saveurs sont perçues par les nerfs du goût, qui transmettent au cerveau les impressions de ce sens.

La sensation de l'odorat est due à des particules très-subtiles qui s'échappent des corps odorants, et qui sont portées dans nos narines avec l'air où elles sont répandues. Ce sens réside dans la membrane pituitaire ou olfactive qui tapisse toute la cavité des narines. Cette membrane est très-fine, pourvue d'une grande abondance de vaisseaux et de filets nerveux, et enduite d'une humeur muqueuse qui retient les particules odorantes. La cavité osseuse dans laquelle se loge la membrane est partagée par une cloison longitudinale en deux fosses qu'on nomme *fosses nasales*. La surface interne de cette cavité est accrue par des sinus creusés dans le tissus des os, et par des lames saillantes recourbées sur elles-mêmes. L'étendue des fosses nasales est encore augmentée par un prolongement cartilagineux que l'on nomme le nez. Ces fosses communiquent en arrière avec le gosier, de sorte que la membrane olfactive, se trouvant sur le passage de l'air qui se rend dans les poumons, est frappée par ce fluide à chaque inspiration.

L'*œil* est l'organe de la vue ; la sensation de la vue est produite en nous par les rayons de lumière qui partent des différents points d'un objet, et qui vont frapper le fond de notre œil, en y dessinant exactement la forme de cet objet. L'œil est un globe formé par des membranes épaisses et opaques, percé en avant d'un trou nommé *pupille*, derrière lequel est un corps transparent de forme lenticulaire, nommé *cristallin*, et dont le fond est tapissé par une membrane nerveuse (la rétine), sur laquelle les rayons qui ont traversé la pupille et le cristallin vont peindre les images renversées des objets extérieurs. Le globe de l'œil est formé de trois membranes. L'extérieure, qui est fibreuse et opaque, se nomme *sclérotique ;* à sa partie antérieure se trouve une ouverture circulaire, dans laquelle est enchâssée une membrane mince appelée *cornée transparente*. La seconde membrane de l'œil porte le nom de *choroïde* : elle est collée sur la face interne de la sclérotique, qu'elle tapisse en noir. En avant, elle se continue avec un voile mobile placé derrière la cornée transparente, sans y adhérer, et percé par une ouverture circulaire, qui est susceptible d'agrandissement ou de diminution; ce voile est ce qu'on appelle l'*iris*, et le trou dont il est percé est la *pupille*. La troisième membrane est la *rétine* : c'est une expansion formée par le nerf optique, après son passage à travers la sclérotique et la choroïde. Elle est blanchâtre, molle et demi-transparente; elle est collée exactement sur la face interne de la choroïde, dans la partie postérieure de l'œil.

La cavité intérieure du globe oculaire est remplie de différentes humeurs transparentes, qui sont l'humeur vitrée, le cristallin et l'humeur aqueuse. L'humeur vitrée est une masse gélatineuse, qui occupe toute la partie postérieure du globe de l'œil jusqu'au cristallin. Le cristallin est une petite lentille de forme circulaire, placée en avant de l'humeur vitrée. L'humeur aqueuse est un liquide limpide, placé entre le cristallin et la cornée transparente.

Outre les membranes et les humeurs de l'œil qui en sont les parties essentielles, il y a dans l'organe de la vision des parties qui ne sont qu'accessoires, mais qui contribuent à le perfectionner. Tels sont l'orbite, ou la cavité osseuse dans laquelle il est abrité; la *conjonctive* ou la peau considérablement amincie, qui le recouvre en avant; les muscles, à l'aide desquels il se dirige vers les objets; les paupières, les sourcils, et enfin l'appareil lacrymal. La peau qui environne l'organe, avant de s'amincir et de s'étendre au devant de l'œil, forme un repli supérieur et un repli inférieur, et constitue ainsi ces espèces de voiles mobiles qu'on nomme *paupières*. Dans leur épaisseur sont des fibres musculaires, et leur bord est soutenu intérieurement par une lame cartilagineuse. A l'extérieur, ce bord est garni de poils connus sous le nom de *cils*, et enduits d'une matière onctueuse, qui arrête entre les poils les petits corps étrangers qui pourraient blesser ou irriter l'œil. Enfin pour arrêter aussi la sueur qui découle du front, l'orbite est garni, dans le haut, d'un arc de poils roides, appelés *sourcils*, dont la résistance à se laisser mouiller est sans cesse entretenue par la matière graisseuse qui se sécrète de leur racine. Les larmes que sécrète la glande lacrymale, située au côté externe dans le haut de l'orbite, sont destinées à nettoyer la surface de l'œil, sur lequel elles sont étendues par le mouvement alternatif des paupières ; ce fluide est ensuite chassé par les paupières elles-mêmes, lorsqu'elles se ferment, dans un petit canal formé par leurs bords, et dirigé vers l'angle interne, d'où il s'écoule dans le nez par les trous qu'on nomme lacrymaux. Les dernières parties accessoires de l'œil, dont il nous reste à parler, sont les muscles, à l'aide desquels nous pouvons le mouvoir et le diriger à notre gré. Ces muscles sont au nombre de six, savoir : quatre droits, dont les fibres sont dirigées d'arrière en avant, un supérieur, un inférieur et deux latéraux (interne et externe) ; et deux obliques, dont les fibres ont une direction perpendiculaire à celle des muscles droits.

L'*oreille* est l'organe de l'ouïe. C'est un appareil assez compliqué par lequel l'homme perçoit les corps extérieurs lorsqu'ils sont mis en vibration et que ce mouvement se communique à l'air ou à tout autre corps aboutissant à l'organe. L'effet de ces vibrations sur l'oreille se nomme *son*. Le siége de la sensation réside dans une pulpe gélatineuse, formée par les filets nerveux du nerf acoustique ; cette pulpe tremblante reçoit les vibrations des corps sonores et les communique aux filaments nerveux. On distingue dans l'appareil de l'ouïe une partie essentielle, le *vestibule*, qui contient la pulpe auditive et diverses parties accessoires propres à renforcer ou à modifier la sensation ; ces parties accessoires sont : 1° le limaçon et les canaux semi-circulaires qui composent avec le vestibule un tout que l'on nomme le labyrinthe ou l'oreille interne ; 2° la caisse du tympan ou l'oreille moyenne, cavité située entre l'oreille interne et l'air extérieur, et qui contient une chaîne de petits osselets ; 3° l'oreille interne, composée du pavillon, sorte de conque destinée à recueillir les vibrations de l'air, et du canal auditif qui les mène au tympan. Le tympan est une membrane mince, tendue sur une espèce de cadre osseux, au devant de la cavité nommée *caisse du tympan*. Cette membrane reçoit immédiatement les vibrations de l'air et en transmet l'effet à une autre membrane qui recouvre l'entrée du vestibule ; elle est plus ou moins tendue, suivant que les sons qui lui parviennent sont graves ou aigus. L'intérieur de la caisse renferme de l'air atmosphérique, qui lui arrive de la bouche par un conduit guttural appelé la *trompe d'Eustache* [1].

1. Voyez la description plus complète de l'œil et de l'oreille dans le *Précis d'Histoire naturelle* ; 9° édition, pages 134 et suivantes.

DE LA CLASSIFICATION
DES ANIMAUX.

Le nombre des animaux d'espèces diverses qui peuplent la surface de la terre est immense, et pour parvenir à les connaître et à les distinguer, il est nécessaire d'établir dans leur ensemble des divisions et des subdivisions, fondées sur les différences et les ressemblances plus ou moins grandes qu'ils offrent lorsqu'on les compare entre eux. Le catalogue raisonné qui comprend toutes ces divisions et subdivisions est ce qu'on appelle une *classification.* Chacune des divisions a son caractère particulier et sa dénomination propre; le caractère d'une division, c'est la réunion des propriétés communes à toutes les espèces qu'elle contient. En zoologie, on donne le nom d'*espèce* à une collection d'individus qui se ressemblent extrêmement entre eux et dont la race se perpétue en conservant les mêmes caractères essentiels. Ces individus peuvent cependant offrir quelques différences relatives au sexe, à l'âge ou à l'influence de causes accidentelles: ces différences constituent ce que l'on nomme souvent des variétés dans l'espèce. Il existe des espèces qui se ressemblent par un très-grand nombre de caractères, et qui ne se distinguent que par de légères différences : on réunit toutes ces espèces voisines dans un même groupe, qu'on appelle *genre*; on donne à ce genre un nom substantif, et chaque espèce a alors pour dénomination particulière le nom du genre suivi d'une épithète distincte. En groupant ainsi les espèces qui ont entre elles une analogie marquée, on a fait un grand nombre de genres; puis, en réunissant de même les genres qui se ressemblaient beaucoup, c'est-à-dire qui avaient un grand nombre de caractères communs, on en a composé des divisions nouvelles appelées *tribus*; les tribus qui avaient entre elles le plus d'analogie ont été réparties en groupes d'un rang plus élevé, appelés *ordres*; les ordres ont été réunis en *classes*, et les classes elles-mêmes ont donné naissance aux divisions du premier degré, appelées *embranchements*.

Le règne animal se partage en quatre embranchements, d'après les quatre plans d'organisation bien tranchés suivant lesquels tous les animaux connus semblent avoir été construits. Ces embranchements sont :

1° Les ANIMAUX VERTÉBRÉS, qui ont un squelette intérieur articulé, un cerveau et une moelle épinière situés au-dessus du canal alimentaire, et renfermés dans un étui osseux formé par le crâne et les vertèbres ; le corps symétrique ; cinq sens ; jamais plus de quatre membres, un cœur musculaire, et le sang rouge ;

2° Les ANIMAUX MOLLUSQUES, tels que les limaces, les huîtres, etc., qui n'ont point de squelette ni de membres articulés, dont le corps est mou, et en général protégé par une simple croûte pierreuse, appelée *coquille*; dont le système nerveux ne se compose que de quelques ganglions épars sur les côtés du canal intestinal, et qui ont une circulation complète à sang blanc, et des organes des sens en général incomplets ;

3° Les ANIMAUX ARTICULÉS, tels que les écrevisses, les insectes, les vers, etc., qui n'ont point de squelette intérieur, et dont la peau se durcit de manière à constituer une sorte de squelette extérieur, formé d'une suite de segments ou d'articles en forme d'anneaux ; dont le système nerveux consiste en une double chaîne de ganglions, placée au-dessous du canal intestinal, à l'exception des premiers, et dont les membres, quand il y en a, sont toujours au nombre de plus de quatre ;

4° Les ANIMAUX RAYONNÉS OU ZOOPHYTES, tels que les étoiles de mer, les madrépores, les polypes, etc., dont le corps présente toujours une forme plus ou moins étoilée ou rayonnante;

dont le système nerveux, rarement distinct, présente également une disposition circulaire ; qui vivent souvent fixés sur le sol, et ressemblent plutôt à des plantes qu'à des animaux.

ANIMAUX VERTÉBRÉS.

Les animaux vertébrés sont ceux dont l'organisation est la plus complexe et la plus parfaite. La forme de leur corps est paire ou bilatérale ; ils ont un squelette intérieur articulé, dont l'axe est une colonne composée d'os empilés et plus ou moins mobiles les uns sur les autres, nommés *vertèbres*. Cette colonne renferme dans son canal la moelle épinière, laquelle est toujours située au-dessus du canal alimentaire. La partie antérieure de cette colonne se dilate pour former le crâne, centre des sensations externes et internes. La tête renferme avec le cerveau les organes des sens spéciaux ; elle est presque toujours séparée par un col du reste du tronc, dans la cavité duquel sont contenus les principaux viscères de la vie. Il y a toujours deux mâchoires horizontales ; jamais plus de quatre membres. Le sang est constamment rouge, le chyle est toujours transporté de l'intestin dans les veines par des canaux particuliers appartenant au système des vaisseaux lymphatiques. Il y a toujours un cœur composé au moins de deux cavités. Les animaux vertébrés ont une intelligence plus ou moins développée, et un instinct qui paraît être en raison inverse de cette première faculté, qu'il est destiné, sans doute, à suppléer.

Les animaux vertébrés se partagent en quatre classes, qui sont :

1° Les MAMMIFÈRES, animaux qui produisent des petits vivants, et les allaitent avec des mamelles, ont le sang chaud et la peau presque constamment recouverte de poils ;

2° Les OISEAUX, animaux *ovipares* (ou produisant des œufs), à sang chaud, sans mamelles, ayant des plumes et des ailes ;

3° Les REPTILES, animaux ovipares, à sang froid, ayant la peau nue ou revêtue d'écailles, et respirant par des poumons ;

4° Les POISSONS, animaux ovipares, à sang froid, pourvus de nageoires, et ne respirant que dans l'eau par des organes particuliers qu'on nomme *branchies*.

CLASSE DES MAMMIFÈRES.

Cette classe se compose de l'homme et de tous les animaux qui se rapprochent de lui par une organisation presque en tout point semblable, et par le haut développement de leurs facultés et de leur intelligence. Ils ont tous

des mamelles, un cœur, des poumons, un diaphragme, organisés comme les nôtres ; un cerveau pareillement très-volumineux. Leurs mâchoires sont le plus souvent garnies de dents.
Leur forme extérieure est ordinairement celle
d'un quadrupède ou animal à quatre pieds ;
cependant il en est dont les membres supérieurs
sont transformés en ailes (les chauves-souris) ;
et d'autres dont la forme ressemble à celle des
poissons (les baleines). Leur peau est presque
toujours garnie de poils : il en est cependant
dont la peau paraît être complétement nue, et
d'autres qui sont revêtus d'une sorte d'écaille.
Les principales différences que les mammifères
offrent entre eux, et d'après lesquelles on a
subdivisé leur classe en ordres, se trouvent dans
leurs habitudes et leur manière de vivre ; aussi
les caractères des subdivisions sont-ils pris en
général des organes du toucher et de la mastication, c'est-à-dire de la configuration des
pieds et des dents. Les extrémités des membres
sont façonnés tantôt en pieds, tantôt en de véritables mains ; ici en une sorte d'ailes, là en
nageoires. Aussi distingue-t-on des mammifères terrestres ou volants, des mammifères
aquatiques et amphibies. Le régime ou la nourriture, qui s'annonce toujours par la forme particulière des dents ou par la perfection plus ou

moins grande des organes du toucher, est aussi
très-variable : il y a des mammifères qui peuvent
s'accommoder de toute espèce de nourriture,
animale ou végétale, ils sont omnivores : il en est
d'autres qui se nourrissent exclusivement de
chair ou d'insectes, d'herbes, de fruits et que
l'on désigne, à cause de cela, par les dénominations de carnivores, d'insectivores, d'herbivores ou de frugivores. Le caractère tiré des
organes de la mastication dépend du nombre,
de la combinaison et de la forme des dents de
diverses espèces, et surtout de celles qu'on
nomme molaires. Chez les mammifères qui se
nourrissent de chair, les molaires sont compri-
mées et tranchantes, et disposées de manière à
couper comme les lames d'une paire de ciseaux ;
chez ceux qui vivent d'insectes, les dents sont
hérissées de pointes coniques qui se correspondent de manière que les unes s'emboîtent dans
les intervalles que les autres laissent entre elles.
Chez les herbivores ou frugivores, elles sont sur-
montées de tubercules mousses, ou terminées
par une large surface aplatie et rugueuse comme
celle d'une meule. Enfin, il est des mammifères
chez qui les dents molaires sont coniques, allongées, mais ne se correspondent point entre elles ;
elles ne sont propres qu'à retenir une proie, et
appartiennent aux cétacés, qui n'ont point de

mastication. Les dents incisives et les canines sont bien moins utiles que les dents molaires; aussi manquent-elles fréquemment, et quelquefois elles ne servent plus à la mastication, mais prennent un grand développement, et constituent des défenses plus ou moins puissantes. La perfection des organes du toucher s'estime d'après le nombre et le plus ou moins de mobilité des doigts. Un membre est façonné en une *main*, lorsque le pouce est séparé des autres doigts, et peut leur être opposé comme dans la main de l'homme. Il y a des mammifères qui ont des mains seulement aux membres de devant (les bimanes) : d'autres qui en ont à leurs quatre membres (les quadrumanes). Il est des mammifères dont les doigts sont protégés à leur surface externe seulement par un ongle (les onguiculés) ; et d'autres dont les doigts sont tout à fait enveloppés dans une corne arrondie qu'on nomme *sabot* (les ongulés ou animaux à sabot).

C'est d'après les différences que nous venons d'exposer que la classe des mammifères a été subdivisée en neuf ordres, dont voici les dénominations et les caractères les plus importants :

1ᵉʳ ORDRE : les *Bimanes*. — Quadrupèdes onguiculés, ayant des mains aux membres antérieurs seulement, et des dents de trois sortes (incisives, canines et molaires). Genre unique : Homme.

2ᵉ ORDRE : les *Quadrumanes.* — Quadrupèdes onguiculés, ayant des mains aux quatre extrémités, et les trois sortes de dents. Exemple : les singes.

3ᵉ ORDRE : les *Carnassiers.* — Quadrupèdes onguiculés, n'ayant de mains ni en avant ni en arrière, et possédant les trois sortes de dents. Exemple : le chat, le lion, l'ours.

4ᵉ ORDRE : les *Marsupiaux.* — Quadrupèdes onguiculés, dont les petits naissent avec des organes à peine ébauchés, et s'attachent aux mamelles de leur mère jusqu'à ce qu'ils aient achevé leur développement. Chez la plupart de ces animaux, la peau du ventre forme au devant des mamelles une bourse ou poche servant à loger les petits, pendant que la mère les allaite. Exemple : les sarigues.

5ᵉ ORDRE : les *Rongeurs.* — Quadrupèdes onguiculés, dépourvus de dents canines, et ayant les incisives séparées des molaires par un espace vide. Exemple : les rats, le lièvre.

6ᵉ ORDRE : les *Édentés.* — Quadrupèdes onguiculés, sans dents sur le devant de la bouche, les incisives manquant toujours. Exemple : les tatous.

7ᵉ ORDRE : les *Pachydermes.* — Quadrupèdes

ongulés (ou à sabot), non ruminants, à cuir épais et peu garni de poils. Exemple : le cheval, l'éléphant, le rhinocéros.

8e ORDRE : les *Ruminants*. — Quadrupèdes ongulés, ayant la propriété de ruminer, c'est-à-dire de faire revenir les aliments de l'estomac dans la bouche, pour les mâcher et les avaler ensuite de nouveau. Exemple : le bœuf, la chèvre, le mouton.

9e ORDRE : les *Cétacés*. — Mammifères bipèdes, présentant la forme du poisson, n'ayant pas de membres postérieurs, et ayant les membres antérieurs conformés en nageoires. Exemple : le dauphin, la baleine.

Ordre des bimanes.

L'ordre des bimanes, ou des animaux qui n'ont de mains qu'aux extrémités antérieures, ne se compose que d'un seul genre, lequel ne contient qu'une seule espèce, qui est l'*homme*.

L'homme est le seul parmi les mammifères qui soit bimane et bipède, qui se tienne et marche debout, qui ait les incisives inférieures droites et le menton saillant. Il est destiné à marcher debout, toute son organisation l'exige impérieusement ; quand il le voudrait, il ne pourrait commodément et longtemps marcher à

quatre pieds. Il ne peut grimper aussi facilement que les singes, parce qu'il n'a pas comme
eux le pouce des pieds de derrière séparé des
doigts. Mais, en revanche, il possède une main
beaucoup plus parfaite, qui lui permet de saisir
les objets les plus délicats; et c'est à cette faculté
qu'il doit toute son adresse et son admirable
industrie. A sa naissance, il est plus faible
qu'aucun animal; sans aucune arme défensive
ou offensive, et presque dépourvu d'instinct,
il a plus longtemps besoin du secours de ses
parents. De là son penchant à la sociabilité, et
la perpétuité naturelle de l'union conjugale.
L'homme a, d'ailleurs, sur les animaux deux
grandes prérogatives qui établissent entre eux
et lui un immense intervalle : le langage et la
raison. Ce sont ces dons précieux qui le rendent
susceptible de perfectibilité et de civilisation.

Quoique l'espèce humaine paraisse unique,
on y remarque cependant de certaines confor-
mations héréditaires qui constituent des variétés
bien distinctes ou des races. Tous les peuples
qui habitent l'ancien monde peuvent se rapporter à trois races principales, qui diffèrent par
la forme de la tête et par la couleur de la peau :
la race blanche ou *caucasique*, la jaune ou *mongolique*, et la nègre ou *éthiopique*. La race caucasique, à laquelle appartiennent les peuples de

l'Europe et d'une partie de l'Asie, paraît avoir pris son origine vers le groupe de montagnes qu'on nomme Caucase, situé entre la mer Noire et la mer Caspienne. Elle a le teint blanc, le visage ovale, le nez saillant et tout d'une venue avec le front, les cheveux lisses, longs et flexibles, de couleur brune, variant du blond au noir foncé. La race mongolique a pour caractères un front plat, un nez petit, des joues saillantes, de grosses lèvres, des yeux étroits et obliques, des cheveux durs, rares et noirs, un teint plus ou moins jaunâtre. Cette race est très-répandue à l'est des contrées occupées par la race caucasique : elle comprend les Mongols, les Mantchoux, les Kalmouks, les Chinois, les Japonais. Les Malais qui sont répandus dans les îles de l'archipel Indien et de la mer du Sud, paraissent être un rameau détaché de la grande famille caucasique, et mélangé au sang mongol. On regarde aussi comme issues de la race mongolique les peuplades des régions hyperboréennes des deux hémisphères, que l'on connaî sous le nom de Lapons, de Samoyèdes, d'Esquimaux, etc. La race nègre ou éthiopique a le teint noir, les cheveux laineux, les mâchoires saillantes, les lèvres grosses et le nez épaté. Cette race comprend les nègres des côtes de l'Afrique, au midi de l'Atlas. les Cafres, les Hottentots, les Cafro-Madécasses, les Alfouroux des Moluques, les Papous de la Nouvelle - Guinée, etc.

Les indigènes des deux Amériques n'ont pu encore être ramenés clairement à aucune des races de l'ancien continent : ils sont en général distingués par une peau de couleur cuivrée, des cheveux longs et noirs, une barbe rare et un visage large et triangulaire. Ces caractères se remarquent principalement chez les anciens Mexicains et Péruviens.

Ordre des quadrumanes.

L'ordre des quadrumanes se compose d'animaux qui, comme l'homme, sont onguiculés et pourvus de trois sortes de dents; mais qui en diffèrent en ce qu'ils ont des mains aux quatre extrémités à la fois. Ce sont les mammifères qui ressemblent le plus à l'espèce humaine : cette ressemblance dans les organes fait qu'ils imitent nos gestes et notre adresse. Ils ont, comme nous, les yeux dirigés en avant, et les mamelles placées sur la poitrine. Ils se nourrissent de fruits, de racines ou d'insectes. Ils vivent dans les forêts, et la plupart séjournent habituellement sur les arbres, où ils grimpent avec beaucoup d'agilité : aussi présentent-ils souvent des callosités aux fesses, la peau étant nue et fort épaisse à ces parties dont les quadrumanes font beaucoup d'usage dans le repos. Leur allure principale est par sauts et par bonds. Plusieurs sont remarquables par des *abajoues*, sortes de poches placées sous les joues, et qui s'ouvrent dans la bouche ; ils y renferment les vivres dont ils font provision. Les uns n'ont point de queue, d'autres en ont une plus ou moins longue, et quelquefois *prenante*, c'est-à-dire susceptible d'entourer les corps pour les saisir comme avec une main. Tantôt les narines sont ouvertes par-dessous, comme dans l'homme, tantôt elles le sont sur les côtés ; les ouvertures peuvent être très-rapprochées ou très-distantes l'une de l'autre. C'est par ces différents caractères que se distinguent les genres de quadrumanes ; on peut les diviser en trois familles : les *singes,* les *ouistitis* et les *makis.*

Famille des singes.

Les singes ont quatre dents incisives droites à chaque mâchoire, des canines dépassant les autres dents, des molaires à couronne large et à tubercules mousses ; des ongles plats à tous les doigts. On peut les sous-diviser en deux tribus : les *singes proprement dits,* ou singes e l'ancien continent, et les *sapajous*, ou singes de l'Amérique.

Les singes proprement dits sont étrangers à l'Europe, excepté le *magot*, qui s'est naturalisé à Gibraltar : ils n'habitent que les régions chaudes, et sont originaires des pays situés entre les tropiques. Ils ont le même nombre de dents molaires que l'homme, savoir : cinq de chaque côté et à chaque mâchoire ; leurs narines sont ouvertes en dessous et très-rapprochées (la cloison moyenne étant étroite), les ouvertures de ces narines ne sont pas placées au bout du museau. Leur queue, quand ils en ont une, n'est jamais prenante.

Leur séjour habituel est dans les forêts, sur les arbres : ils voyagent de branche en branche, cherchant les fruits et les œufs d'oiseau, dont ils font leur principale nourriture. Les individus de quelques espèces se divisent par petites troupes que dirige un vieux mâle, les autres le suivent et se rassemblent à sa voix. Ils vont faire ainsi des excursions dans les plaines, où on les voit souvent piller les champs et les jardins. Dans ces sortes d'expéditions, ils montrent une prudence et une intelligence remarquables. Les plus âgés forment l'avant et l'arrière-garde de la troupe, et veillent à sa défense. D'autres, pour l'avertir du moindre danger, s'établissent

en sentinelles sur les points les plus élevés. Enfin, le reste de la bande s'échelonne, de manière
à pouvoir se passer de main en main le fruit de
leurs rapines. Les mères soignent leurs petits

Fig. 2. Le singe.

avec la plus grande tendresse, elles les portent
dans leurs bras et les allaitent souvent ; mais
dès qu'ils peuvent manger seuls, cette affection
maternelle disparaît. Dans leur jeunesse, il est

facile de les dresser à toutes sortes de tours, mais en vieillissant ils deviennent indociles et souvent tout à fait intraitables. Le penchant à l'imitation est un des traits les plus caractéristiques de ces animaux ; ils sont, en outre, remarquables par la vivacité de leurs mouvements, par leur curiosité et par la mobilité extrême de leurs idées.

Parmi les singes, ceux qui se rapprochent le plus de l'homme n'ont point de queue : ils forment deux genres bien distincts, les *orangs* et les *gibbons*.

Les *orangs* (vulgairement *hommes des bois*) n'ont ni callosités aux fesses, ni abajoues ; ils ont la tête ronde, le museau court et les bras très-longs. L'espèce la plus remarquable est l'*orang-outang*, qui habite dans les grandes îles de l'océan Indien, et que l'on a trouvé principalement à Bornéo. Il est haut de 1 mètre à 1m. 30, a le corps couvert de poils roux, et les bras qui descendent au milieu des jambes. Sur la terre, il ne marche qu'avec difficulté et en s'aidant d'un bâton ; mais il grimpe sur les arbres et s'élance de branche en branche avec beaucoup de rapidité. Il habite les bois, où il se construit une espèce de hutte, se nourrissant de fruits, d'œufs, d'insectes et peut-être aussi d'oiseaux. Il est aisé de l'apprivoiser dans le jeune âge, et il parvient facilement à imiter un grand nombre de nos actions. Une autre espèce du genre orang est le *chimpanzé* ou *jocko*, de couleur noire, et qui est originaire des parties centrales de l'Afrique. Ses bras ne descendent que jusqu'aux genoux. Ces animaux vivent en troupe dans les bois, dont ils défendent l'entrée à coups de pierres et de bâton contre les hommes et même contre les éléphants, qu'ils cherchent à effrayer aussi par des hurlements. Leurs habitudes paraissent ressembler à celles des orangs.

Les *gibbons* diffèrent des orangs par leurs fesses calleuses, leurs bras qui touchent à terre, quand ils sont debout, et leur front moins développé. On en connaît plusieurs espèces, toutes originaires de l'Inde ou des grandes îles voisines. Leur démarche à terre est fort lente; mais ils sont fort agiles sur les arbres : avec leurs longs bras ils se balancent aux branches, et s'élancent quelquefois avec tant de force qu'ils franchissent des espaces de plus de 12 mètres

Les singes de l'ancien continent, qui sont pourvus d'une queue, s'éloignent de l'homme beaucoup plus que les précédents. La forme de leur tête et la position habituelle de leur corps se rapprochent de celles des quadrupèdes ordinaires. Parmi ces animaux, nous citerons comme genres principaux les guenons, les macaques et les cynocéphales.

Les *guenons*, vulgairement nommées *singes à queue*, ont une tête plate, un museau court, des abajoues, des callosités aux fesses, et une queue longue, non prenante, habituellement relevée sur le dos. Elles n'acquièrent jamais qu'une taille médiocre : elles sont toutes originaires d'Afrique, où elles vivent en troupe et font beaucoup de dégâts dans les jardins et les champs cultivés. Ce sont des singes très-doux et faciles à apprivoiser. Une espèce (le nasique) qui vit à Bornéo, est remarquable par l'excessive longueur de son nez.

Les *macaques* ont, en général, la queue courte et pendante, le museau proéminent, des abajoues et des fesses calleuses. Toutes les espèces sont de l'Asie méridionale, à l'exception d'une, qui se trouve dans le nord de l'Afrique et dans le midi de l'Espagne : c'est le *magot*, dont le poil est gris et dont la queue est réduite à un petit tubercule.

Les *cynocéphales*, ou singes à tête de chien, ont un museau allongé et comme tronqué vers le bout, les narines s'ouvrant à l'extrémité, au lieu de s'ouvrir en arrière. Ce sont, après les orangs, les plus grands et les plus forts de tous les singes. La plupart sont d'une férocité indomptable. Ils se trouvent presque **tous en** Afrique.

Les singes d'Amérique se distinguent de ceux de l'ancien continent par le nombre de leurs dents molaires, qui est plus considérable (ils ont trente-six dents en tout). Ils ont les narines très-distantes et ouvertes sur les côtés ; la queue longue et souvent prenante, point d'abajoues, les fesses velues sans callosités. On distingue parmi eux les sapajous et les alouates.

Les *sapajous* ont la tête plate, le museau court et la queue prenante. Ceux dont la queue n'a point cette faculté s'appellent *sagoins* ou *sakis*.

Les *alouates*, ou singes hurleurs, ont une tête pyramidale, à museau allongé, et un cou très-gros. Cette grosseur du cou est due à un renflement de l'os hyoïde, formant dans la gorge un tambour osseux qui donne à leur voix un volume énorme. Leur hurlement a quelque chose d'effrayant, et s'étend à plus d'une demi-lieue à la ronde. Ces singes sont communs dans les forêts de la Guyane et du Brésil.

Famille des ouistitis.

Les *ouistitis*, qui habitent le nouveau monde, ont, comme les singes d'Amérique, la tête ronde, le visage plat, les narines latérales, les fesses velues et point d'abajoues ; ils ont, comme les sakis en particulier, la queue non prenante ; mais ils n'ont que trente-deux dents comme les singes de l'ancien continent. Tous leurs ongles sont comprimés et pointus, excepté ceux des pouces de derrière, et leurs pouces de devant sont à peine opposables aux autres doigts. Ce sont de petits animaux qui ont le genre de vie des écureuils, qui s'apprivoisent aisément et se nourrissent autant d'insectes que de fruits.

Famille des makis.

Les *makis* ou lémuriens ont les quatre pouces très-développés et facilement opposables aux autres doigts ; mais ils diffèrent des singes et des ouistitis par le nombre et la direction de leurs incisives d'en bas, par l'intervalle qui sépare celles d'en haut, et par leur museau pointu, qui les a fait nommer *singes à museau de renard.* Tous ont l'index du pied de derrière garni d'un ongle aigu et relevé, tandis que tous les autres doigts ont des ongles plats. Quelques-uns ont une queue non prenante, d'autres n'en ont pas. Ce sont des animaux nocturnes ou crépusculaires, originaires du continent d'Afrique ou des îles qui l'avoisinent. Ils font le passage des singes aux carnassiers. On distingue comme genres principaux les makis proprement dits, et les loris.

Les *makis* ont une queue longue et touffue six incisives en bas, couchées en avant, et quatre droites en haut. Ils habitent Madagascar et les îles voisines, et se nourrissent de fruits. Les *indris* sont une espèce de makis qui ne diffèrent des précédents que parce qu'ils n'ont que quatre incisives en bas. Les habitants de Madagascar parviennent, dit-on, à les dresser comme des chiens pour la chasse.

Les *loris* ont le même nombre de dents que les makis, mais point de queue : à cause de la lenteur de leur démarche, on les a nommés *singes paresseux*. Ils sont insectivores.

Ordre des carnassiers.

Les animaux de cet ordre possèdent, comme les bimanes et les quadrumanes, les trois sortes de dents, sont onguiculés, n'ont pas le pouce de devant libre ni opposable aux autres doigts. Ils vivent tous plus ou moins exclusivement de matières animales. L'articulation de leur mâchoire inférieure, dirigée en travers, et serrée comme un gond, ne leur permet aucun mouvement latéral : elle ne peut que se fermer et s'ouvrir ; les muscles qui la meuvent sont, en général, très-volumineux, ce qui donne à leur face beaucoup de largeur (*Voyez* le lion, fig. 3). Le sens qui domine chez les carnassiers est celui de l'odorat. D'après leur régime et leurs

Fig. 3. **Le lion.**

habitudes, on les divise en trois familles, savoir : les chéiroptères, les insectivores et les carnivores.

Les *chéiroptères* ou carnassiers, dont les mains sont changées en ailes, ont un repli de la peau étendu entre leurs pieds et leurs doigts, ce qui leur permet de se soutenir dans l'air et même de voler, quand les doigts sont fort allongés. Ils marchent ou plutôt rampent avec beaucoup de difficulté. Ils ont des mamelles placées sur la poitrine, comme les mammifères des ordres précédents, quatre grandes canines, et des molaires à couronne plate ou hérissées de pointes. Les genres de cette famille se partagent en deux tribus : les galéopithèques et les chauves-souris.

Les *galéopithèques* ou chats volants se rapprochent des makis, et semblent former le passage de ceux-ci aux chauves-souris. Ils ont tous les doigts des membres antérieurs garnis d'ongles tranchants, et pas plus allongés que ceux des membres postérieurs ; leur membrane, qui est velue, ne peut soutenir le vol, et leur sert seulement de parachute pour voltiger sur les arbres de branche en branche. En haut, sont deux incisives dentelées, et, en bas, six fendues en lanières comme des peignes. Ces animaux vivent sur les arbres dans l'archipel des Indes, où ils poursuivent les insectes et peut-être les oiseaux.

Les *chauves-souris* ont les doigts des membres antérieurs très-allongés et étendus sous une membrane nue et d'une grande finesse, à l'exception du pouce, qui est libre, court et seul onguiculé; leur membrane, qui s'étend latéralement et entre les jambes, constitue de véritables ailes comparables à celles des oiseaux. Elles ont des yeux excessivement petits, mais leurs oreilles sont très-grandes, et forment, avec les ailes et les feuillets qui souvent surmontent les narines, une vaste surface membraneuse, sensible aux plus faibles impressions de l'air. Ce sont des animaux nocturnes. Ils se nourrissent généralement d'insectes qu'ils saisissent au vol comme font les hirondelles. Le jour, ils se retirent dans des souterrains ou des greniers obscurs, s'accrochant aux voûtes par les ongles crochus de leurs pieds de derrière, et demeurant suspendus la tête en bas, le corps enveloppé dans leurs ailes comme dans un manteau; ils ne vont presque jamais à terre, d'où il leur serait difficile de s'enlever. Quand ils veulent commencer à voler, ils se laissent tomber du sommet de la voûte qui les retenait accrochés, et se dirigent ensuite. Dans les hivers froids ils hivernent, c'est-à-dire passent l'hiver sans prendre de nourriture, dans un état complet d'engourdissement et de léthargie. On distingue des chauves-souris frugivores, et des chauves-souris insectivores.

Les chauves-souris frugivores ont les molaires à couronne plate, les incisives tranchantes, une tête conique allongée, et le second doigt de devant garni d'un ongle comme le pouce. La membrane est peu développée entre leurs cuisses. On n'en trouve que dans l'Inde et en Égypte où elles sont connues sous le nom de *roussettes*. Ce sont les plus grandes chauves-souris, et l'on mange leur chair. Ne se nourris-

Fig. 4. La chauve-souris.

sant que de fruits, elles sont tout à fait inoffen-sives.

Les chauves-souris insectivores ont les mo-laires hérissées de pointes coniques, qui s'engrè-nent les unes dans les autres, et sont dépourvues d'ongle au doigt indicateur. Les unes ont des feuilles membraneuses sur le nez, les autres n'en ont pas. Parmi les chauves-souris à feuilles nasales, nous citerons les *phyllostomes* et les *vampires* de l'Amérique méridionale : les premières ont une queue courte ou nulle, les seconds en ont une engagée dans la membrane qui s'étend entre les cuisses, ou libre au-dessus de cette membrane. Leurs feuilles nasales sont en forme d'entonnoir ou de fer de lance. Ils ont l'habitude de sucer le sang des animaux, lorsqu'ils les trouvent endormis. Nous citerons encore les *mégadermes* et les *rhinolophes*, dont le nez est surmonté de crêtes ayant la figure d'un fer à cheval ; ils sont d'une grandeur médiocre. Parmi celles dont le nez est dépourvu de feuillets sont les *vespertilions* ou chauves-souris communes de notre pays, qui ont une queue longue comprise dans la membrane, et dont les oreilles sont grandes comme la tête ; et les *oreillards*, qui les ont, au contraire, de la grandeur du corps. Les chéiroptères sont les seuls carnassiers qui aient les mamelles sur la poitrine comme les singes ; dans les autres, elles sont placées sous le ventre.

Famille des insectivores.

Cette famille se compose de carnassiers dont les deux molaires sont hérissées de pointes coniques, comme celles d'un grand nombre de chauves-souris, mais qui n'ont point de membranes latérales, et dont les doigts sont libres aux quatre extrémités. Comme les animaux des ordres précédents ils sont plantigrades, c'est-à-dire qu'ils marchent sur la plante entière des pieds. Leur allure est lente et rampante. Ils mènent une vie nocturne et souterraine; et dans nos pays beaucoup d'entre eux passent 'hiver dans l'engourdissement. Le plus souvent ls habitent des terriers qu'ils construisent avec eaucoup d'art. Les principaux genres de cette amille sont : les hérissons, les musaraignes et es taupes.

Les *hérissons* ont le corps couvert de piuants, et se roulent en boule lorsqu'on les ttaque. Ils vivent dans les bois, et se tiennent achés pendant le jour entre les racines des ieux arbres ou sous les pierres. Ils se nourrisnt en partie de fruits et en partie d'insectes. s ont en avant deux longues incisives, suivies 'autres incisives et de canines plus courtes. a peau de leur dos est garnie de mus-

disposés de manière que l'animal en hissant la tête et les pattes vers le ventre, sente de toutes parts ses piquants à l'en-i.

es *musaraignes* ou souris des sables sont de -petits animaux dont le corps est couvert

Fig. 5. La musaraigne.

poils, le museau très-effilé, et les canines plus rtes que les incisives. Elles ont quelque semblance avec les souris par les poils et par pattes, et vivent dans les sables et les terres iles à remuer. On distingue la musaraigne dinaire ou *musette*, qui n'a guère que 4 cen-mètres de long; c'est le plus petit mammifère connu ; et la musaraigne d'eau, que l'on trouve au bord des sources.

Les *taupes* ont le museau allongé en un boutoir, et les pattes antérieures courtes et élargies en forme de pelle, pour fouir la terre et la rejeter en arrière. Elles ont un corps trapu, des yeux excessivement petits, et point d'oreilles externes. Leurs pattes de derrière sont très-faibles : aussi marchent-elles péniblement à terre, tandis qu'elles se meuvent avec vitesse dans leurs terriers. A l'aide des instruments dont la nature les a pourvues, elle se creusent dans le sol, avec une rapidité extrême et un art merveilleux, de longues galeries dans lesquelles elles se ménagent plusieurs issues. Les petites élévations connues sous le nom de *taupinières* sont le résultat des déblais que ces animaux rejettent au dehors. Les taupes se nourrissent d'insectes, de vers et de racines tendres. Elles font un grand tort à nos cultures en soulevant et bouleversant sans cesse la terre.

Famille des carnivores.

Cette famille se compose des grands carnassiers qui se nourrissent de proie vivante, et dans lesquels l'appétit sanguinaire s'unit à la force ou à la ruse nécessaire pour atteindre cette

proie : tel est le lion (fig. 3, p. 65). Ils ont à
chaque mâchoire deux grosses et longues canines, entre lesquelles sont six incisives. Leurs
molaires sont entièrement tranchantes, ou mê-
lées seulement de parties à tubercules mousses,
et jamais hérissées de pointes coniques. ils sont
d'autant plus exclusivement carnivores que
leurs dents sont plus tranchantes. Ils ne possèdent plus que des rudiments de clavicules ;
la plupart ont les sens de la vue et de l'odorat
très-délicats. On les divise en trois tribus : les
plantigrades, ou ceux qui marchent sur la
plante des pieds, et chez lesquels cette partie
est toujours privée de poils; les *digitigrades*,
ou ceux qui ne marchent que sur le bout des
doigts en relevant le tarse ; les *amphibies*, ou
ceux dont les pieds sont si courts et tellement
enveloppés dans la peau, que sur terre ils ne
peuvent servir qu'à ramper, tandis que dans
l'eau ce sont des rames excellentes.

Tribu des plantigrades. — Cette tribu comprend ceux des carnivores qui partagent encore
avec les animaux des familles précédentes la
propriété de marcher sur la plante des pieds,
Ils ont tous cinq doigts à chaque extrémité.
Comme ils appuient la plante entière du pied
sur la terre, ils peuvent assez facilement se
dresser sur leurs membres postérieurs. Leurs

mouvements sont lents, et leur vie nocturne ;
la plupart de ceux des pays froids passent l'hiver en léthargie. Les principaux genres de cette
tribu sont les ours, les ratons, les blaireaux et
les gloutons.

Les *ours*, sont ceux qui ont le régime le
moins carnassier. Ils ont les molaires presque

Fig. 6. L'ours.

toutes tuberculeuses ; aussi sont-ils omnivores,
et ils ne mangent de la chair que par nécessité.
Ils aiment les racines et les fruits, et ont une
préférence marquée pour le miel. Quelques espèces se rendent à la côte pour y pêcher le
poisson. Les ours sont de grands animaux à
corps trapu, à membres épais et à queue très-

courte. Leurs ongles sont allongés, crochus et propres à fouir; leurs yeux sont petits, leurs narines très-ouvertes et entourées d'un mufle soutenu par un cartilage très-mobile. Ils grimpent sur les arbres avec facilité, ils se creusent des antres dans lesquels ils vivent solitaires, et passent leur vie dans une sorte de léthargie. On n'en trouve guère que dans les montagnes et les pays peu habités. Les principales espèces sont : l'ours brun d'Europe, qui habite dans les hautes montagnes et dans les grandes forêts ; et l'ours blanc des bords de la mer Glaciale, qui diffère du précédent en ce que son corps est très-allongé et qu'il est bas sur ses jambes. Il est remarquable encore par la grande saillie de ses sourcils et par l'intérieur de sa bouche entièrement noir. Il se nourrit de poissons, de phoques et de jeunes cétacés.

Les *ratons* ressemblent beaucoup aux ours par leurs formes extérieures, si ce n'est qu'ils ont une longue queue : ils ont aussi à peu près le même régime et les mêmes habitudes ; mais ils grimpent avec plus d'agilité. Ils habitent l'Amérique. Une espèce, le *raton laveur*, est ainsi nommée parce qu'elle a le singulier instinct de ne rien manger sans l'avoir plongé dans l'eau.

Les *blaireaux* ont à peu près les mêmes habitudes que les ours, quoique beaucoup plus petits. Ces animaux appartiennent à l'Europe. Leur marche est rampante et leur vie nocturne; sous leur queue est une poche d'où suinte une humeur grasse et fétide. Ils ont le ventre noir, le dos blanc ou grisâtre, et une bande noirâtre de chaque côté de la tête. Leurs ongles de devant sont très-allongés et les rendent habiles à

Fig. 7. Le raton.

fouir la terre. Ce sont des animaux défiants, qui vivent dans des terriers, d'où ils ne sortent que pour aller à la recherche de leur nourriture, qui consiste en insectes, en lapins et en mulots. La peau du blaireau est employée comme fourrure, et son poil sert à fabriquer les brosses à barbe.

Les *gloutons* sont ainsi nommés à cause de

l'idée exagérée qu'on s'était faite de la voracité de l'une des espèces de ce genre, le *glouton du Nord*, qui se trouve dans les parties les plus froides des deux continents. Ce carnassier passe en effet pour être très-cruel, et pour se rendre maître des plus grands animaux en sautant sur eux de dessus un arbre.

Tribu des digitigrades. — La tribu des digitigrades comprend les carnivores qui marchent sur le bout des doigts, et dont la course est plus rapide que celle des précédents. Ils vivent principalement de substances animales, sont généralement vifs et agiles, et se distinguent ou par leur force et leur courage, ou par leur ruse et leur adresse. Les uns ont des ongles rétractiles, c'est-à-dire susceptibles d'être relevés avec la phalange qui les porte, et cachés entre les doigts par des ligaments élastiques, lorsque l'animal ne veut pas en faire usage ; d'autres n'ont pas les ongles rétractiles, ou ne les on qu'à demi. On distingue d'abord dans cette tribu trois subdivisions, dont chacune comprend plusieurs genres.

La première subdivision réunit des animaux qu'on a appelés *vermiformes*, parce qu'ils ont le corps extrêmement allongé et bas sur jambes, ce qui leur permet de passer par les plus petites ouvertures. Ils ne tombent point l'hiver en léthargie, comme les précédents. Quoique petits et faibles, ils sont très-cruels et vivent surtout de sang. Les genres les plus remarquables de cette division sont : les putois, les martres et les loutres.

Les *putois* sont les plus sanguinaires de tous. Leur tête est arrondie, ainsi que l'oreille; leur museau court dépasse sensiblement la bouche; leur langue est couverte de papilles rudes. Ils répandent une odeur infecte, provenant d'une matière fétide que sécrètent des glandes qu'ils ont de chaque côté de l'anus; leur queue est longue. Le *putois commun* est brun, avec les flancs jaunâtres et des taches blanches à la tête: c'est la terreur de nos poulaillers et de nos garennes. Il leur fait d'autant plus de tort qu'il égorge plus de volailles qu'il ne peut en manger ni en emporter. Le *furet* n'est peut-être qu'une variété du précédent; il est jaunâtre avec des yeux roses. Il est originaire de Barbarie. On ne le trouve en France qu'à l'état domestique, et on l'y emploie pour poursuivre les lapins dans leurs terriers. La *belette* est une petite bête, longue d'environ 16 centimètres, d'un roux uniforme. Elle est très-commune dans nos climats et très-redoutable pour les poulaillers, où sa petite taille lui permet de se glisser par les plus petits trous. L'*hermine* est rousse en été, avec le bout de la queue noir : le roux se change en blanc en hiver. Elle se trouve principalement dans le nord de l'ancien et du nouveau continent. Sa peau d'hiver, qui, dans les pays sep-

Fig. 8. La belette.

tentrionaux, est d'une blancheur éclatante, est très-recherchée comme fourrure.

Les *martres* ressemblent beaucoup aux putois, mais en diffèrent par un museau plus allongé et par une langue couverte de papilles molles. Nous citerons parmi les nombreuses espèces de ce genre : la *martre commune,* qui est brune, avec une tache jaune sous la gorge ; elle fuit les lieux habités et vit dans les bois. — La *fouine,* brune, avec tout le dessous de la gorge et du cou blanchâtre, ayant 4 décimètres environ de longueur, sans compter la queue qui en a 2. Elle

fréquente les maisons et fait beaucoup de dégâts dans les poulaillers. — La *martre zibeline*,
brune, avec quelques taches blanchâtres à la tête;
sa couleur est plus foncée dans l'hiver. Elle se
distingue des précédentes, en ce qu'elle a du
poil jusque sous les doigts. Elle se trouve dans
les parties les plus septentrionales de l'Europe

Fig. 9. La fouine.

et de l'Asie. Sa fourrure est l'objet d'un commerce considérable.

Les *loutres* ont la tête plate, la queue aplatie
horizontalement et les pieds palmés, c'est-à-
dire à doigts réunis par une membrane, ce qui
indique que ce sont des animaux nageurs. Leur
pelage est très-épais, formé de deux sortes de
poils, des poils soyeux, assez longs, durs, luisants et plus épais à la pointe qu'à la base, et

des laineux, plus courts, formant une foururre douce et épaisse. Elles vivent principalement de poisson. On en connaît des espèces dans toutes

Fig. 10. La loutre.

les parties du monde. Nous citerons : la *loutre commune*, longue de 6 décimètres, brune en dessus, blanchâtre en dessous et qui habite les bords des rivières en Europe ; la *loutre de mer*, deux fois plus grande que la précédente, dont le pelage noir, d'un vif éclat de velours, est la plus précieuse de toutes les fourrures; elle habite le nord de la mer Pacifique.

La deuxième subdivision des digitigrades se compose des animaux les moins sanguinaires de cette tribu; aussi leurs dents sont-elles moins tranchantes que celles des vermiformes. Ils sont carnassiers, mais sans beaucoup de courage à proportion de leurs forces : ils se nourrissent le plus souvent de cadavres. On les partage d'abord en deux grands genres, les *chiens* et les *civettes*.

Les *chiens* se distinguent par le nombre et la forme de leurs molaires, par leur langue douce et par la finesse de leur odorat; leurs ongles sont propres à fouir et ne sont point rétractiles; ils ont cinq doigts aux pieds de devant et quatre à ceux de derrière. La plupart des espèces aiment autant la chair corrompue que la chair fraîche. Les principales sont : le chien proprement dit, le loup, le chacal et le renard.

Le *chien domestique* se distingue des autres espèces par sa queue recourbée et par ses prunelles, qui sont toujours rondes pendant le jour. Il varie, d'ailleurs, à l'infini, par la taille, la forme, la couleur et la qualité du poil. C'est un des animaux les plus utiles à l'homme, par le dévouement et la fidélité qu'il lui témoigne. La femelle porte deux mois et fait de six à douze petits. Le chien a terminé sa croissance à deux

Fig. 11. Le chien.

ans; il est vieux à quinze et n'en passe guère vingt. On connaît un grand nombre de races et de variétés de cette espèce, qui, pour la plupart,

ont un produit de la domesticité. Telles sont :
e chien de berger et le chien-loup, qui ont les
reilles droites; le chien de Terre-Neuve, qui a
e corps garni de poils longs et soyeux, les doigts
n partie réunis par une petite membrane, et
ui est remarquable par la facilité avec laquelle
. nage et peut apprendre à sauver les hommes
n danger de se noyer; les chiens de chasse,
ont les uns sont dressés à poursuivre le gibier,
es autres à l'arrêter au gîte, tels sont : le chien
ourant, dont l'odorat est très-fin, le basset aux
ieds courts et aux oreilles pendantes, le lévrier
ux jambes longues et à la taille élancée, le
arbet ou caniche au poil frisé, l'épagneul, etc.;
es chiens de maison, tels que le mâtin, le
ogue, le danois; les petits chiens d'apparte-
ments, tels que le doguin, le bichon, le roquet,
e chien-lion, etc.

Le *loup* a les oreilles droites ainsi que la
ueue; il est le plus souvent d'un gris fauve;
l ressemble beaucoup au chien de berger, mais
. est plus fort. C'est un animal vorace, mais
âche, il vit habituellement solitaire et ne se
éunit en troupe avec ceux de son espèce que
uand il est pressé par la faim. Il est très-répandu
n Europe et paraît être passé en Amérique.

Le *chacal* ou *loup doré* est plus petit que le
onp, avec le museau plus pointu; son pelage

st gris brun, avec du roux à l'oreille ; les cuisses et les jambes sont fauve clair. Il habite en troupe une grande partie de l'Asie et de l'Afrique. C'est un animal vorace qui chasse à la manière du chien et paraît lui ressembler plus qu'aucune autre espèce sauvage, par sa confor-

Fig. 12. Loup des prairies.

mation et par la facilité à s'apprivoiser. Son cri a quelque chose de sinistre.

Le *renard* se distingue par sa queue plus touffue, son museau plus pointu et ses prunelles qui de jour, sont en fente verticale, comme celles du chat domestique. C'est un animal nocturne, qui se creuse des terriers et n'attaque que des animaux faibles, tels que des lapins et des oiseaux. Tout le monde connaît les ruses qu'il emploie pour se rendre maître de notre volaille. Le renard ordinaire, qui est très-répandu dans toute l'Europe, a le pelage roux; sa longueur est d'un demi-mètre environ. Cet animal répand une odeur fétide. On en trouve des espèces dans toutes les parties du monde; ceux des pays froids donnent une fourrure très-recherchée.

Le genre des *civettes* comprend des animaux dont la forme est à peu près celle des martres. Ils ont la tête longue comme les chiens et la langue rude comme les chats. Leurs ongles sont à demi rétractiles, c'est-à-dire ne se recourbent que sur le dos des doigts et non entre eux. Ils ont près de l'anus une poche qui renferme une matière onctueuse et odorante. Toutes les civettes habitent des pays chauds, ont la queue longue et le poil varié de brun. Elles sont nocturnes et vivent à la manière des chats et des renards. On distingue dans ce grand genre la civette proprement dite, la genette, la mangouste.

La *civette*, longue de plus de 65 centimètres, sans compter la queue, est grise, tachetée de brun, et a la queue d'une couleur uniforme. Le poil qui règne sur le milieu du cou et du dos et sur la partie supérieure de la queue, se relève et forme une sorte de crinière lorsqu'on irrite l'animal. Elle se trouve dans les parties les plus chaudes de l'Afrique. On l'élève souvent en domesticité pour recueillir son parfum.

La *genette* a un simple sillon odorant au lieu d'une poche. C'est un petit animal à pelage tacheté sur un fond clair, et dont la queue est annelée de noir. La genette commune, que l'on trouve en Espagne et dans la France méridionale, est longue d'environ 3 décimètres : elle se tient le long des ruisseaux, près des sources. Sa peau forme un article de pelleterie assez important.

La *mangouste d'Égypte* (ou rat de Pharaon) se distingue de la civette en ce que sa prunelle est allongée horizontalement, que sa poche renferme l'anus et que ses doigts sont à demi palmés. C'est l'ichneumon d'Hérodote, qu'adoraient les anciens Égyptiens. Elle est grise, a une queue longue terminée par un flocon noir, et le corps effilé comme celui d'une martre. Elle détruit les œufs du crocodile, et donne la chasse aux souris et aux reptiles. Mais ce qu'en ont dit d'anciens auteurs, qu'elle attaquait les crocodiles et se jetait même dans leur gueule béante pour les mettre à mort, est entièrement fabuleux.

La troisième subdivision des carnivores digitigrades contient les mammifères les plus redoutables par leur force et leur férocité. Il y en a deux genres : les hyènes et les chats.

Les *hyènes* n'ont que quatre doigts à tous les pieds : leurs ongles sont propres à fouir et ne se relèvent pas pendant la marche. Elles ont des dents très-fortes, la queue courte et pendante, et le poil du dos relevé en une espèce de crinière. Leur allure est remarquable, en ce qu'elles tiennent leur train de derrière toujours plus bas que celui de devant. Cela ne provient pas de ce que les membres postérieurs seraient réellement plus courts que les antérieurs, mais de ce qu'elles en plient fortement toutes les articulations. Cette habitude leur donne l'air de boiter quand elles commencent à marcher. Elles habitent principalement l'Afrique, se nourrissent surtout d'os et de charognes, et vont même déterrer les morts dans les cimetières. On a beaucoup exagéré eur férocité; elles ont une grande force, mais ont timides, et s'apprivoisent facilement. On n connaît plusieurs espèces, parmi lesquelles ous citerons l'hyène rayée et l'hyène tachetée. a première était connue des anciens, qui lui nt attribué faussement le pouvoir de contrefaire voix de l'homme. Elle est grise et rayée irréulièrement de brun. La seconde espèce est ousse et tachetée de noirâtre.

Le genre des *chats* comprend non-seulement

les chats ordinaires, mais les tigres, les lions, etc.
Il renferme donc les animaux les plus cruels,
les plus carnassiers et les plus fortement armés
de tous ceux qui vivent de chair. Ils ont les mâchoires moins allongées que les chiens, la tête
arrondie, de très-grandes canines, des ongles
crochus et rétractiles, leur langue est rude et ils
écorchent en léchant; leurs pieds de devant ont
cinq doigts et ceux de derrière quatre. Leurs
yeux, diurnes ou nocturnes, ont la prunelle
ronde ou verticale. Leur odorat est faible et leur
ouïe fine et délicate. Leur force musculaire est
considérable, et toutes les parties de leur corps
sont en même temps très-souples et flexibles, ce
qui leur permet de faire des bonds énormes, ou
bien de ramper et grimper avec une agilité
extrême; mais ils ne peuvent point courir avec
rapidité. Malgré leur force, ces animaux paraissent méfiants; ils n'attaquent jamais leur proie
que par surprise; marchant sans bruit sur les
bourrelets élastiques dont le dessous de leurs
pattes est garni, ils se glissent vers le lieu où
ils espèrent trouver une victime, la guettent en
silence, et attendent patiemment l'instant de s'é-
lancer sur elle. Ils ne se nourrissent de viande
morte que quand ils ne peuvent point se procurer de proie vivante. Les espèces de ce genre
sont répandues sur presque toute la surface du

globe ; plusieurs sont recherchées comme fourrures. Nous citerons seulement les plus remarquables.

Le *lion* (fig. 3, p. 65) est distingué par sa couleur fauve uniforme, la touffe de poils qui termine sa queue, et la crinière épaisse qui garnit la tête, le cou et les épaules chez le mâle. Il habite principalement l'Atlas, mais on le trouve aussi en Arabie, et entre l'Inde et la Perse. C'est le plus fort et le plus courageux des animaux de proie. Il n'attaque l'homme que quand il est pressé par le besoin ; il sait reconnaître les bienfaits, mais il est implacable dans sa vengeance. On peut le rendre docile dans la captivité.

Le *tigre* a le poil ras, d'un jaune vif en dessus et rayé irrégulièrement de noir en travers ; son poil est d'un blanc pur en dessous. Il est aussi grand et aussi fort que le lion, et beaucoup plus cruel. On a cru longtemps qu'il était impossible de l'apprivoiser, mais c'était une erreur. On le trouve en Asie, principalement dans les Indes orientales.

Le *jaguar*, ou tigre d'Amérique, la grande panthère des fourreurs, est presque aussi grand que le tigre d'Asie, et presque aussi dangereux. Il est jaunâtre, à taches fauves bordées de noir. Il habite les forêts de l'Amérique méridionale.

La *panthère*, le tigre d'Afrique des fourreurs, longue d'un mètre environ, avec une queue qui traîne à terre, a sa robe mouchetée de taches en forme de roses. Elle est répandue dans toute l'Afrique et dans les parties chaudes de l'Asie. L'*once* de Buffon en est une variété. Le *léopard* est semblable à la panthère, mais avec dix rangées de taches plus petites et plus annelées.

Le *guépard*, ou tigre chasseur des Indes, est d'un fauve clair, à taches noires, rondes, entièrement pleines, et également semées. Il se laisse facilement apprivoiser, et on le dresse pour la chasse. On le trouve dans plusieurs contrées de l'Afrique et dans toute l'Asie méridionale.

Fig. 13. Le couguar.

Le *couguar*, ou prétendu lion d'Amérique, est long d'un mètre au plus, et haut d'un demi-mètre, avec une queue qui descend jusqu'à terre. Il est roux, avec de petites taches d'un roux plus foncé qui se distinguent difficilement. C'est un animal très-doux pour l'homme, mais qui dévaste les basses-cours.

L'*ocelot* d'Amérique est plus petit que le jaguar; il est gris avec de grandes taches fauves bordées de noir, formant des bandes obliques sur les flancs.

Le *lynx* d'Europe, ou loup-cervier des fourreurs, a le pelage roux, tacheté de noirâtre, avec un pinceau de poils noirs au bout des oreilles. Il est long d'environ 8 décimètres, plus la queue, qui est d'un décimètre.

Le *chat domestique* est originaire des forêts d'Europe. Dans son état sauvage, il est gris brun avec des ondes transverses plus foncées, et la queue annelée de noir. En domesticité, il varie en couleur, finesse et longueur de poil. On en distingue plusieurs variétés : le chat d'Angora en Syrie, le chat d'Espagne, etc. Le chat n'étant pas naturellement, comme le chien, porté à l'association, et son régime étant moins en rapport avec le nôtre que celui du chien, on se rend compte aisément de la différence qui existe entre ces deux animaux domestiques.

Tribu des amphibies. — La tribu des amphibies renferme les carnassiers à quatre pieds palmés ou en forme de nageoires, qui passent la plus grande partie de leur vie dans la mer, et ne viennent en rampant sur le rivage que pour se reposer au soleil et allaiter leurs petits.

Fig. 14. Le chat.

Ils se partagent en deux petites familles, les phoques et les morses.

Les *phoques*, dont le corps se termine en pointe comme celui des poissons, ont les trois sortes de dents ; leurs pieds de derrière, étendus dans la direction de l'abdomen, représentent une sorte de nageoire horizontale fendue, au milieu de laquelle est la queue; leurs doigts sont terminés par des ongles pointus et libres. Leur tête ressemble à celle d'un chien, mais ils n'ont pas en général d'oreilles, et leur museau est garni de moustaches comme celui des chats. Ces animaux se nourrissent principalement de poissons Ils sont doux, intelligents, et s'atta-

Fig. 15. Le phoque.

chent à l'homme. Ils nagent facilement et peuvent rester longtemps dans l'eau sans respirer. A terre ils ne se meuvent que difficilement, et deviennent aisément la proie des chasseurs qui les recherchent pour leur graisse et leur peau. Les différentes espèces de phoques ont été nommées vulgairement veau marin, lion marin, ours marin et éléphant marin. Le *phoque commun* se trouve assez fréquemment sur nos côtes, et n'atteint guère qu'un mètre et demi. Le *phoque à trompe* atteint jusqu'à 8 mètres de longueur; il est commun dans les parages méridionaux de la mer Pacifique.

Les *morses*, communément appelés vaches marines, chevaux marins ou bêtes à la grande

Fig. 16. Le morse.

dent, ont le port extérieur des phoques, mais leur mâchoire supérieure est renflée, et il en sort deux énormes défenses qui se dirigent en bas. La mâchoire inférieure manque d'incisives et de canines. Leurs pieds de derrière, moins distincts que ceux des phoques, se confondent avec la queue et une large nageoire, qui termine leur corps, comme celle des cétacés. La seule espèce connue habite les mers du Nord, où elle se nourrit de plantes marines et de coquillages. Elle atteint jusqu'à 7 mètres de longueur, elle est recouverte d'un poil jaunâtre et ras. On la recherche pour son huile et pour l'ivoire de ses défenses.

Ordre des marsupiaux.

Les marsupiaux sont des mammifères onguiculés, dont les petits naissent à l'état de fœtus, avant qu'ils puissent faire usage de leurs membres, et même avant qu'on distingue aucune de leurs parties. Les petits s'attachent aux mamelles de leur mère, et y restent fixés jusqu'à ce qu'ils aient pris un accroissement pareil à celui que les autres animaux reçoivent dans la matrice. Ces mamelles sont ordinairement placées dans une poche ou bourse, que forme sous le ventre un repli de la peau ; de là le nom d'*animaux à bourse* que l'on donne à la plupart d'entre eux. Les petits y sont renfermés comme dans une seconde matrice ; lorsqu'ils s'en détachent et qu'ils commencent à marcher, on les voit encore pendant quelque temps s'y réfugier à la moindre apparence de danger. Dans les espèces dont la poche est peu développée, ou qui en sont tout à fait dépourvues, les petits, après s'être détachés des mamelles, montent sur le dos de leur mère et s'y tiennent pendant qu'elle court, en roulant leur queue autour de la sienne.

Fig. 17. Le kanguroo.

Les animaux à bourse sont presque tous de la Nouvelle-Hollande ou de l'Amérique méridionale. Comme ils diffèrent beaucoup par la conformation des dents et des pieds, on les a subdivisés en six tribus, parmi lesquelles nous en citerons trois, qui contiennent les espèces les plus remarquables.

La première tribu contient les marsupiaux qui ont de petites incisives, de longues canines en haut et en bas, et des molaires hérissées de pointes ; ils se rapprochent par là des insectivores, et ont le pouce des pieds de derrière séparé et opposable, ce qui les a fait nommer *pédimanes*. Ils se servent de ces pieds comme de mains pour saisir les objets, et surtout pour grimper aux arbres. Telle est la *sarigue* d'Amérique, animal de la taille d'un chat, à queue nue, écailleuse et prenante. Sa bouche très-fendue, et ses grandes oreilles nues lui donnent une physionomie particulière. Il est fétide, nocturne et à démarche lente. Il niche sur des arbres, où il guette les oiseaux. Il a une poche abdominale qui se réduit, chez quelques espèces seulement, en un repli de la peau.

La seconde tribu renferme les marsupiaux, dont les canines inférieures sont très-petites, et dont le régime est en grande partie frugivore. Ils ont tous le pouce grand et séparé des autres doigts, et les deux doigts qui le suivent, aux pieds de derrière, sont réunis par une membrane. Tels sont les *phalangers*, animaux à queue longue et prenante, couverte de poils, qui vivent sur les arbres, où ils cherchent des insectes et des fruits. Quand ils aperçoivent un homme, ils se suspendent par la queue, et l'on parvient, en les fixant, à les faire tomber de lassitude. Ils habitent aux Moluques. Les *phalangers volants* forment une autre espèce remarquable par une extension de la peau des flancs entre les jambes, au moyen de laquelle ils se soutiennent en l'air, quand ils sautent d'un arbre à un autre.

La troisième tribu comprend les marsupiaux qui n'ont pas du tout de canines, ce qui les rapproche des rongeurs ; leur régime est herbivore. Tels sont les *kanguroos* de la Nouvelle-Hollande, qui ont les membres antérieurs très-petits, et les postérieurs très-grands; ils se tiennent presque toujours sur les pieds de derrière, et s'appuyant sur leur queue comme sur un troisième pied, et marchant par bonds sans se servir des pieds de devant. Ce sont des animaux très-doux et qui vivent d'herbes.

Ordre des rongeurs.

Les rongeurs sont des animaux onguiculés, sans dents canines, ayant à chaque mâchoire deux longues incisives tranchantes, séparées des molaires par un grand espace vide. Ces incisives n'ont d'émail qu'en avant, de sorte que

leur bord postérieur s'usant plus que l'anté-
rieur, elles sont toujours naturellement taillées
en biseau ; elles repoussent continuellement de
la racine à mesure qu'elles s'usent du tranchant. Et si l'une d'elles tombe ou se casse,
celle qui lui était opposée, ne trouvant plus à
s'user au sommet, se développe au point de
devenir monstrueuse. Les molaires sont à large
couronne, plate et traversée par des lignes sail-
lentes qui rendent leur surface semblable à une
meule. Leur mâchoire inférieure s'articule avec
le crâne par un condyle longitudinal, ce qui ne
lui permet de mouvement que d'avant en arrière. Il en résulte que ces animaux ne peuvent
que limer ou ronger les substances dont ils se
nourrissent, et qui sont principalement des substances végétales, souvent très-dures, comme
le bois et les écorces. Leurs pieds de derrière
sont généralement plus hauts que ceux de devant, en sorte qu'ils sautent plus qu'ils ne
marchent. Leurs intestins sont fort longs, leur
estomac est simple, et leur cœur extrêmement
volumineux, plus même que l'estomac. Ce sont
des animaux remarquables par leurs mœurs et
leurs habitudes, et par leur extrême fécondité.
La plupart se creusent des terriers ou se bâtissent des huttes où quelques-uns passent l'hiver
en léthargie. Ceux qui n'hivernent pas divisent

tes huttes en compartiments dans lesquels ils logent leur famille ou renferment les provisions qu'ils ont amassées pour l'hiver. Les principaux genres dont se compose l'ordre des rongeurs sont : les écureuils, les rats, les castors, les porcs-épics et les lièvres.

Fig. 18. Lapins de garenne.

Les *écureuils* sont des animaux grimpeurs, qui ont la tête large, les yeux saillants, les incisives inférieures très-comprimées, et une queue longue, garnie de poils sur les côtés. Leurs membres antérieurs, dont ils se servent souvent ponr porter leurs aliments à la bouche, sont soutenus par des clavicules assez fortes, et pourvus seulement de quatre doigts, tandis qu'il y en a cinq aux membres postérieurs. Ce sont des animaux remarquables par leur agilité, qui vivent sur les arbres et se nourrissent de fruits. Certaines espèces de l'Amérique du Nord deviennent d'un gris bleuâtre en hiver, et donnent alors la fourrure appelée *petit-gris*. Pendant une partie du jour, les écureuils restent cachés dans des nids sphériques, qu'ils construisent avec beaucoup d'art dans la partie la plus élevée des plus grands arbres, et qu'ils recouvrent d'une sorte de toit conique; ces nids, faits de mousse et de brins de bois flexibles, sont tenus avec une propreté remarquable. Vers le soir les écureuils sortent de leur retraite et prennent leurs ébats. C'est alors qu'on les voit sauter de branche en branche avec une grâce et une agilité extrêmes.

Les polatouches, ou écureuils volants, ont la peau des flancs élargie en membrane qui s'étend entre les pattes de devant et celles de derrière, et forme ainsi une espèce de parachute au moyen duquel ces animaux peuvent se soutenir quelques instants en l'air et voltiger d'un arbre à un autre. Ils habitent les forêts de l'Europe septentrionale.

Les *rats* sont des animaux pourvus de clavicules, qui n'ont ni la queue touffue des écureuils, ni la queue large des castors. Ce grand genre comprend non-seulement les rats proprement dits, mais encore les campagnols, les loirs, les hamsters, les gerboises et les marmottes. Les *rats proprement dits* ont trois molaires à tubercules mousses, les incisives inférieures pointues, et la queue longue et écailleuse. Ces espèces sont fort nuisibles par leur fécondité et la voracité avec laquelle elles rongent et dévorent des substances de toute nature. On distingue entre autres : la *souris*, qui est la plus petite espèce parmi celles qui habitent nos maisons ; le *rat domestique*, à pelage noirâtre, qui est plus que double de la souris dans toutes ses dimensions : cet animal si nuisible était inconnu aux anciens et paraît être originaire de l'Amérique ; le *mulot* des champs, qui est intermédiaire pour la taille entre les deux espèces précédentes ; le *surmulot*, qui est plus grand d'un quart que le rat, et qui est plus commun que lui dans nos grandes villes ; il est de couleur roussâtre.

Les *campagnols* ont des molaires sillonnées sur leur couronne et sur leurs côtés, comme si elles étaient formées de lames verticales soudées ensemble. Tels sont : le campagnol ordinaire, ou petit rat des champs, à queue velue, qui est grand comme une souris, et vit dans les champs, où il détruit beaucoup de blé; le rat d'eau, qui habite au bord des eaux, nage et plonge assez mal, et vit de racines.

Les *loirs* ont des molaires divisées par des bandes transversales, le poil doux et la queue touffue. Ils vivent sur les arbres, comme les écureuils, et se nourrissent de fruits. Comme les marmottes, ils passent l'hiver roulés en boule et dans un sommeil léthargique très-profond.

Les *hamsters* ont une queue courte et velue et des abajoues aux deux côtés de la bouche; ils ressemblent d'ailleurs aux rats par les dents et tout le squelette. Ils sont très-nuisibles par la quantité de blé qu'ils enfouissent dans leurs souterrains, qui ont quelquefois plus de 2 mètres de profondeur. Ils sont fort communs dans le nord de l'Allemagne, dans la Pologne et la Russie. On rapporte à ce genre le chinchilla, dont la fourrure est si précieuse.

Les *gerboises* ont une queue longue et touffue, les pommettes saillantes et les pieds de derrière d'une longueur démesurée en comparaison de ceux de devant, ce qui les a fait nommer *rats à deux pieds*. Elles habitent dans des terriers, et tombent dans une léthargie profonde pendant l'hiver. On les trouve en Afrique et dans la Tartarie.

Les *marmottes* ont cinq molaires en haut et quatre en bas, hérissées de pointes ; elles ont la queue courte, le corps ramassé et la tête plate. Elles vivent en société, se nourrissent d'herbes, et passent l'hiver en léthargie dans des trous profonds dont elles ferment l'entrée par un amas de foin. La marmotte commune, qui est grande comme un lapin, se trouve dans les Alpes, au-dessous des neiges dont les hautes sommités sont perpétuellement couvertes.

Les *castors* se distinguent de tous les autres

Fig. 19. Le castor.

rongeurs par leur queue ovale, aplatie horizontalement et couverte d'écailles, et par leurs pieds de derrière palmés ; ceux qui vivent en société sur les bords des fleuves, au Canada, sont remarquables par l'industrie qu'ils mettent dans la construction de leurs cabanes à deux étages, dont l'inférieur, qui est sous l'eau, leur sert de magasin, et le supérieur, d'habitation pendant l'hiver. On sait qu'ils coupent des pieux avec leurs dents, et qu'ils se servent de leur queue comme d'une truelle pour gâcher de terre les murs de leurs habitations. Lorsqu'elles sont placées dans une eau courante, les castors maintiennent cette eau à une hauteur constante par le moyen d'une digue qui a souvent plus de 30 mètres de longueur sur 4 d'épaisseur par le bas. Cette digue présente son talus au courant, et renferme plusieurs huttes ayant chacune deux issues, l'une pour aller à terre, l'autre conduisant sous l'eau. Le castor est long de 8 à 9 décimètres, d'un brun roussâtre uniforme ; sa fourrure est très-recherchée pour le feutrage. Ce n'est que dans le nord de l'Asie et de l'Amérique, que les castors vivent en société et bâtissent. Il y en a en Allemagne, et en France dans les îles du Rhône, qui se contentent d'habiter des terriers au bord des eaux.

Les *porcs-épics* sont remarquables par les longs piquants annelés de noir et de blanc, dont leur corps est couvert ; leur voix grognante et leur museau court et tronqué les ont fait comparer au porc. Ces animaux, qui habitent le midi de l'Europe, vivent dans des terriers. Lorsqu'ils sont irrités, ils redressent leurs piquants à la manière des hérissons ; mais il est faux qu'ils puissent, comme on le croyait autrefois, lancer des épines contre leurs ennemis.

Les *lièvres* ont les incisives supérieures placées sur deux rangs, de longues oreilles, la queue courte et les pieds de derrière plus longs. Ce sont des animaux extrêmement crain-

Fig. 20. Le lièvre.

tifs, dont la marche consiste en une suite de sauts. On en distingue deux espèces principales : le *lièvre commun*, qui est d'un gris jaunâtre, dont les oreilles sont plus longues que la tête et noires à la pointe, et dont la queue est de la longueur de la cuisse, blanche avec une ligne noire en dessus ; il ne se creuse point de terriers, vit isolé, et couche à terre dans les plaines. La seconde espèce est le *lapin* (fig. 18, p. 101), qui est plus petit que le lièvre, a les oreilles un peu plus courtes que la tête, et la queue moins longue que la cuisse. Il a la gorge et le ventre blanchâtres, et les oreilles grises sans noir au bout; il vit en troupe dans les bois, où il se creuse des terriers.

Les *cabiais* sont des animaux marcheurs, et non coureurs comme les lièvres; ils ont comme ceux-ci des clavicules imparfaites. Leur queue est nulle ou très-courte; ils ont le corps ramassé, le poil court et luisant, les oreilles presque nues et arrondies. Ils n'ont que quatre doigts devant et trois derrière. A ce genre appartiennent les *agoutis*, qui ont une queue très-courte, et les *cochons d'Inde* qui n'en ont point du tout. Tous ces animaux sont originaires d'Amérique. Les cochons d'Inde sont aujourd'hui assez multipliés en Europe, où on les élève dans les maisons, parce qu'on croit que leur odeur chasse les rats.

Ordre des édentés.

On comprend sous ce nom quelques genres d'animaux onguiculés, dont le caractère commun est de manquer de dents incisives; quelques-uns sont en même temps sans canines, et il en est qui n'ont point de dents du tout; ils sont remarquables par leurs habitudes, et, en général, par un défaut d'agilité et une certaine lenteur. Ils ont de gros ongles qui embrassent l'extrémité des doigts, et se rapprochent plus ou moins de la nature des sabots. La plupart se creusent des terriers où ils restent pendant le jour, ne sortant que la nuit pour aller à la recherche de leur nourriture. Tous ces animaux sont étrangers à nos climats. Cet ordre a été divisé en trois familles : les *tardigrades*, les *édentés ordinaires* et les *monotrèmes*.

Famille des tardigrades.

Cette famille comprend les espèces à face courte, dont les doigts sont joints jusqu'aux ongles, et dont les membres antérieurs sont plus longs que les postérieurs : elles ne forment qu'un seul genre, celui des *paresseux*. Ces animaux de l'Amérique méridionale ont un air stupide, la face courte, des mamelles pectorales, des doigts réunis ensemble par la peau, terminés par d'énormes ongles comprimés et crochus; ils ont des canines et des molaires; leur poil est grossier et cassant ; leurs bras et leurs avant-bras sont beaucoup plus longs que leurs cuisses et leurs jambes, ce qui fait qu'ils ne marchent

u'avec beaucoup de difficulté en se traînant
ur leurs coudes. Ils se tiennent sur les arbres,
t n'en abandonnent un qu'après l'avoir entiè-
ement dépouillé de ses feuilles. Lorsqu'ils dor-
ent, ils sont assis, les pattes de devant croisées
utour de la tête, qui est courbée sur la poitrine.
ls prennent cette même attitude lorsqu'ils veu-
ent éviter un ennemi, et reçoivent la mort sans
hercher à se défendre. Ces animaux se trou-
ent dans les parties les plus chaudes de l'Amé-
ique méridionale. On en connaît deux espèces,
'aï et l'*unau*.

Famille des édentés ordinaires.

Elle comprend les espèces à museau pointu,
ui sont sans canines. Les uns ont encore des
olaires, ce sont les tatous ; les autres n'ont
point de molaires et, par conséquent, aucune
sorte de dents : ce sont les fourmiliers et les
pangolins.

Les *tatous* sont des animaux d'Amérique très-
remarquables par le têt écailleux et dur qui recouvre leur corps : ce têt se compose d'écussons cornés qui se réunissent comme les pièces d'une
mosaïque sur le front, sur les épaules et sur la
croupe, où ils forment des espèces de boucliers.
Sur le milieu du dos , les écussons sont rangés

par bandes transversales, mobiles l'une sur
l'autre, et permettent à l'animal de se rouler en
boule comme les hérissons. Ces animaux ont
de grandes oreilles, de grands ongles ; ils sont
épais de corps et bas sur jambes. Ils varient en
grandeur, depuis la taille du blaireau jusqu'à
celle du hérisson. Tous sont originaires des
parties chaudes ou tempérées de l'Amérique ; ils

Fig. 21. Le tatou.

se creusent des terriers, et vivent en partie de
végétaux, en partie d'insectes et de cadavres.

Les *fourmiliers* sont entièrement dépourvus
de dents. Ce sont des animaux velus, à museau
très-long, terminé par une petite bouche, d'où
ort une langue filiforme. Ils se nourrissent de
ourmis qui se collent sur cette langue gluante,
orsqu'ils l'allongent comme un cordon et l'in-
roduisent dans une fourmilière. Ils vivent tous
ans les parties chaudes et tempérées de l'Amé-

rique, et ne font qu'un petit qu'ils ont l'habitude de porter sur le dos. On en connaît trois espèces, parmi lesquelles est le *tamanoir*.

Les *pangolins*, ou fourmiliers écailleux, diffèrent des précédents en ce que leur corps est couvert d'écailles imbriquées; ils sont originaires de l'Inde. Comme les tatous, ils se roulent en boule lorsqu'on les attaque, et présentent de toutes parts les tranchants de leurs écailles, la queue étant repliée sous le ventre dont la peau est nue.

Famille des monotrèmes.

Cette famille comprend les espèces qui n'ont qu'un orifice commun pour l'urine et les excréments. On en connaît deux genres, qui sont des plus singuliers, en ce qu'ils unissent certains caractères propres aux ovipares à ceux qui les ont fait regarder comme mammifères; cependant les voyageurs et les naturels du pays qu'ils habitent prétendent qu'ils pondent des œufs comme les oiseaux. Leurs quatre membres sont terminés par cinq doigts onguiculés : les mâles ont de plus aux pieds de derrière un ergot corné, traversé par un canal qui donne issue à un liquide vénéneux. Ces animaux n'ont encore été trouvés qu'à la Nouvelle-Hollande et à la terre de Van-Diémen. Ces deux genres connus sont les *échidnés* et les *ornithorhynques*.

Les échidnés sont une sorte de fourmiliers épineux assez semblables aux hérissons, en ce que leur corps est couvert en dessus de piquants mêlés de poils, tandis qu'ils n'y a que des poils en dessous. Ces animaux ont un museau allongé, terminé par une petite bouche, et contenant une langue très-longue qu'ils étendent au dehors pour s'emparer des insectes dont ils font leur nourriture. Ces animaux fouissent la terre avec facilité, et se construisent des demeures souterraines. Au moindre soupçon de péril, ils se roulent en boule comme le hérisson.

Les ornithorhynques ont le corps de taille assez petite, de forme allongée, terminé par une queue aplatie comme celle du castor, mais couverte de poils ; leurs membres sont fort courts, leurs pieds palmés ; leur museau se termine par un bec corné, semblable à celui des canards, et dont les bords sont de même garnis de petites lames transverses. Comme ces derniers animaux, ils habitent les rivières et les marais, dont ils tamisent la vase pour en séparer les insectes.

Ordre des pachydermes.

Les pachydermes sont des animaux à sabots.

non ruminants, à cuir épais et peu garni de poil,
qui n'ont point de clavicules et se servent de
leurs pieds uniquement comme de soutiens. Ils
sont réduits à paître les végétaux, ont tous des
molaires à couronne plate. Excepté les chevaux,
ils ont le port lourd, sont sales et aiment à se
vautrer dans la fange ou à se plonger dans l'eau.
Cet ordre renferme les animaux les plus utiles,
comme bêtes de somme ou de trait, et en même
temps les mammifères terrestres les plus volumineux. On l'a subdivisé en trois familles : les
proboscidiens, les *pachydermes ordinaires* et les
solipèdes.

Famille des proboscidiens.

Elle comprend les pachydermes à trompe et
à défense, qui ont cinq doigts à tous les pieds.
On ne connaît dans la nature vivante qu'un seul
genre qui lui appartienne, c'est celui des *éléphants*. (*Voyez* fig. 22, page suivante.)

Ces animaux manquent de canines, ils n'ont
pas non plus d'incisives à la mâchoire inférieure,
et les supérieures sont remplacées par deux
énormes défenses qui se recourbent vers le
haut, et dont la substance nommée *ivoire* est
connue de tout le monde. Pendant une grande
partie de leur vie, ils n'ont qu'une ou deux molaires de chaque côté à chaque mâchoire, mais

ce sont des dents composées d'un certain nombre de lames transverses et verticales, soudées ensemble. Leurs narines se prolongent en une trompe charnue, mobile en tous sens, douée d'une grande sensibilité, et terminée en dessus

Fig. 22. L'éléphant.

par une appendice en forme de doigt. C'est un véritable organe de tact; ils s'en servent également pour se défendre et pour saisir tout ce qu'ils veulent porter à la bouche. Au moyen de cette trompe, ils pompent la boisson et la lancent ensuite dans leur gosier. Ils suppléent ainsi à la brièveté de leur cou, qui ne leur permettrait pas de baisser la tête jusqu'à terre. Ils ont de petits yeux, de larges oreilles collées contre la tête, une peau épaisse, ridée, et presque dépourvue de poils, une queue très-menue. Ces animaux vivent à peu près deux cents ans ; ils se nourrissent d'herbes et de feuilles. Ils se réunissent en troupes sous la conduite d'un vieux mâle, dans le voisinage des rivères où ils aiment à se plonger ; ils nagent avec facilité. On les apprivoise aisément, et tout le monde sait combien ils montrent de docilité, de douceur et d'intelligence.

Il existe deux espèces d'éléphants : l'*éléphant des Indes* et l'*éléphant* d'*Afrique*. L'éléphant des Indes se reconnaît à sa tête oblongue, à son front concave, à ses oreilles médiocres, et à ses pieds de derrière pourvus seulement de quatre ongles. L'éléphant d'Afrique a la tête ronde, le front convexe, et de grandes oreilles qui lui recouvrent toute l'épaule ; il habite depuis le Sénégal jusqu'au cap de Bonne-Espérance. Autrefois il s'étendait jusqu'à l'Atlas ; les Carthaginois le domptaient et l'employaient à la guerre, comme font encore de nos jours les Hindous pour l'espèce asiatique.

On trouve à l'état fossile, c'est-à-dire enfouis

dans les couches de la terre, les os d'une grande espèce d'éléphant perdue, à laquelle les Russes ont donné le nom de *mammouth*. On en a découvert dans les glaces de la Sibérle des individus qui avaient encore leur chair et leur peau, et qui étaient revêtus d'un poil épais. On a observé en Amérique un autre genre de proboscidiens, également perdu, que G. Cuvier a décrit sous le nom de *mastodonte*. Il avait les pieds, la défense et la trompe des éléphants, qu'il égalait pour la taille, mais avec des proportions encore plus lourdes.

Famille des pachydermes ordinaires.

Cette famille comprend les genres qui n'ont point de trompe propre à la préhension, et qui ont plusieurs doigts distincts. Ceux où les doigts sont en nombre pair ont le pied en quelque sorte fourchu et se rapprochent des ruminants : ce sont les hippopotames et les cochons. Parmi ceux qui n'ont pas le pied fourchu sont les rhinocéros et les tapirs.

Les *hippopotames* ont le corps très-massif, les jambes courtes, le ventre traînant presque à terre, un museau renflé ; quatre incisives à chaque mâchoire, celles d'en bas pointues et couchées en avant, celles d'en haut recourbées

en dessous ; de très-fortes canines dont les inférieures sont plus longues et recourbées ; leurs
pieds ont quatre doigts presque égaux, terminés chacun par un petit sabot ; leur queue est
courte ; quelques poils très-rares et très-durs
s'observent sur leur corps, et principalement
sur les côtés du museau et au bout de la queue.
Ils atteignent jusqu'à 3 mètres de long sur 1^m,50
de haut. Leurs sens sont très-peu développés ;
leur naturel est grossier et farouche. Ils vivent
dans les grands fleuves d'Afrique, où ils se
nourrissent de végétaux. Au moindre bruit,
ils plongent dans l'eau ; on les a appelés *chevaux de rivière*, à cause de leur voix qui,
dit-on, ressemble au hennissement du cheval.

Les *cochons* ont quatre doigts à chaque pied,
dont les deux intermédiaires seulement touchent
à terre ; un museau en forme de boutoir, qui
leur sert à fouiller ; des poils roides qu'on appelle *soies;* des dents canines, sortant de la
bouche, et se recourbant en haut pour servir de
défense. Ce sont des animaux de moyenne taille,
à corps allongé et à jambes courtes. L'odorat
est le sens le plus développé chez eux. Les narines sont percées au milieu d'un groin à l'aide
duquel l'animal fouille et soulève la terre. A ce
genre appartiennent les sangliers et les cochons

domestiques. Les sangliers, qui sont la souche de
ceux-ci, ont les oreilles droites et les défenses
coniques, recourbées en dehors; leurs petits se
nomment *marcassins*. Ils sont sauvages et vivent en troupes dans les forêts où ils se nourrissent de racines et de fruits. Les cochons sont

Fig. 23. Le cochon.

ès-utiles par la facilité avec laquelle on les
nourrit, et par leur fécondité : la truie porte
deux fois par an, et quelquefois jusqu'à qua-
torze petits à la fois.

Les *rhinocéros* sont ainsi nommés parce qu'ils
portent sur le nez une ou deux grosses cornes

qui ne tiennent qu'à la peau, et qui paraissent formées de poils agglutinés. Ce sont des animaux stupides et féroces, à cuir extrêmement épais, qui vivent dans les lieux humides et se nourrissent de végétaux. On en distingue deux

Fig. 24. Le rhinocéros.

espèces principales : le rhinocéros d'Asie à une corne, et le rhinocéros d'Afrique à deux cornes placées l'une derrière l'autre.

Les *tapirs* sont des animaux de l'Amérique méridionale et de l'Inde, qui ont le port des cochons, et dont le groin se prolonge en une petite trompe charnue, mobile, comme celle de

Fig. 25. Le tapir.

l'éléphant, mais qui ne peut servir à la préhension.

Famille des solipèdes.

Cette famille comprend les quadrupèdes qui n'ont qu'un seul doigt apparent, et, par conséquent, un seul sabot à chaque pied. Ce sont des animaux vigoureux, légers à la course, et essentiellement herbivores. Ils vivent en troupes, et chaque troupe a un mâle en tête. On n'en connaît qu'un seul genre, qui est celui des chevaux.

Les chevaux ont à chaque mâchoire six incisives tranchantes, qui, dans la jeunesse, ont leur couronne creusée d'une fossette; leurs canines sont très-petites et séparées par un espace vide des molaires, dont la couronne est plate et carrée. C'est dans cet espace vide, qui répond à l'angle des lèvres, que se place le

Fig. 26. Le cheval.

mors au moyen duquel l'homme est parvenu à dompter ces quadrupèdes. Les espèces de ce genre sont : le cheval ordinaire, l'âne et le zèbre d'Afrique, qui a la forme de l'âne, et dont le pelage est rayé transversalement de blanc et

de noir. Ces trois espèces peuvent produire ensemble; le produit de l'âne et de la jument se nomme *mulet*. Toutes ces espèces paraissent être originaires du centre de l'Asie et des parties méridionales et centrales de l'Afrique.

Le cheval est le plus beau, le plus noble et

Fig. 27. L'âne

l'un des plus importants de nos animaux domestiques; il se distingue des autres espèces par la couleur uniforme de sa robe, et par sa queue garnie de crins dès sa racine. Il paraît originaire des grandes plaines de l'Asie centrale, et on le trouve encore à l'état sauvage dans les vastes steppes de la Tartarie. En domesticité, la jument porte onze mois ; le poulain tette six à sept mois, et ce n'est qu'à quatre ans qu'on peut le monter ou l'employer au trait. La durée de la vie du cheval ne passe guère trente ans.

L'âne se trouve encore à l'état sauvage dans l'intérieur de l'Asie, où il voyage en troupes innombrables. Il est remarquable par sa patience et sa sobriété; on le reconnaît à ses longues oreilles, à la houppe qui termine sa queue, et à la croix noire qu'il a sur les épaules.

Ordre des ruminants.

Cet ordre comprend tous les animaux qui ruminent, c'est-à-dire qui ont la propriété de faire revenir les aliments à la bouche, après les avoir avalés une première fois, pour les mâcher de nouveau, faculté qui tient à la structure de leurs estomacs, qui sont au nombre de quatre. Le premier et le plus grand se nomme la *panse;* il reçoit les herbes qui ont été grossièrement mâchées une première fois. Celles-ci passent de là dans le second estomac, appelé *bonnet,* dont les parois sont garnies de lames disposées en réseau. Cet estomac, qui est très-petit imbibe l'herbe et la comprime en petites pelotes qui remontent ensuite successivement à la bouche, pour y être remâchées. L'animal se tient en repos tant que dure cette opération. Après que les aliments ont subi cette seconde mastication, l'œsophage, qui peut communiquer directement avec la panse et avec le troisième estomac, parce qu'il aboutit au point qui forme leur limite commune, les conduit cette fois dans ce dernier, qu'on nomme *feuillet*, parce que ses parois sont garnies de lames semblables aux feuillets d'un livre. De là ils passent dans le quatrième estomac, ou la *caillette*, dans lequel s'opère la digestion ordinaire. Celui-ci est le seul qui soit bien développé tant que l'animal tette, et il a pris son nom de ce que le lait qui s'y rend alors se caille avant d'être digéré.

Les ruminants ont tous les pieds fourchus ou terminés par deux sabots qui se regardent par une face aplatie. Ils n'ont jamais d'incisives qu'à la mâchoire inférieure ; ces dents sont ordinairement au nombre de huit, et séparées par un espace vide des molaires, dont la couronne plate est formée de deux doubles croissants. Tous les ruminants sont herbivores; ce n'est que parmi eux qu'on trouve les mammifères à front cornu ; les espèces qui n'ont point de cornes ont seules des dents canines, le plus ordinairement en haut. Les mamelles des ruminants sont placées entre leurs cuisses. C'est à

cet ordre qu'appartiennent nos animaux domestiques les plus importants. C'est d'eux principalement que nous tirons la chair dont nous nous
nourrissons ; plusieurs nous servent de bêtes de
somme, d'autres nous sont utiles pour leur lait,
leur graisse, leur cuir, leur laine, leurs cornes
et autres productions. La graisse des ruminants
durcit beaucoup par le refroidissement, et devient même cassante : on la nomme *suif*. On
peut diviser cet ordre en deux sections, d'après
l'absence ou la présence des cornes.

Ruminants sans cornes.

Les animaux de cette section se partagent en
trois genres : les chameaux, les lamas et les
chevrotains.

Les *chameaux* ont le pied large, terminé par
deux petits sabots adhérents seulement aux dernières phalanges, les jambes hautes, le cou
long et la lèvre supérieure renflée et fendue ;
ils ont six incisives en bas et deux crochues en
haut, et des canines aux deux mâchoires. Ces
animaux sont très-sobres et peuvent se passer
de boire pendant plusieurs jours, parce que leur
panse est garnie de cellules qui produisent ou
tiennent en réserve de l'eau qn'ils peuvent faire
remonter dans la bouche pour se désaltérer. Ils

ont, en outre, sur le dos des bosses qui sont des loupes ou amas de graisse. On en connaît deux espèces : le chameau à deux bosses, originaire du centre de l'Asie, et le dromadaire ou chameau à une seule bosse, qui est commun en Arabie et dans le nord de l'Afrique. Le premier

Fig. 28. Le dromadaire.

est d'un brun noirâtre, le second d'un gris roux. On sait combien ces animaux sont nécessaires à l'homme pour traverser les déserts ; ils portent de lourds fardeaux, font en un jour quinze à vingt lieues, presque sans manger, et se passent de boire pendant très-longtemps.

Les *lamas* (fig. 29, page suivante) sont pour

l'Amérique ce que les chameaux sont pour l'ancien monde ; mais ils sont beaucoup plus petits et n'ont point de bosse sur le dos. Ils ressemblent au chameau par le port et par la longueur du cou. Les principales espèces sont le lama, la

Fig. 29. Le lama.

vigogne, l'alpaca. Ces deux dernières donnent une laine très-fine avec laquelle on fait des étoffes recherchées.

Les *chevrotains* ont à peu près la forme du chevreuil, mais ils sont privés de cornes, et se distinguent par les longues canines qui sortent de leur mâchoire supérieure. C'est à ce genre qu'appartient le musc, animal célèbre par le parfum qui porte son nom et que l'on retire d'une poche située sous le ventre du mâle. Il habite le Thibet et la Grande Tartarie.

Ruminants à cornes.

Toutes les autres espèces de ruminants ont, au moins dans le sexe mâle, deux cornes ou proéminences plus ou moins longues des os frontaux, qui tantôt sont purement osseuses, recouvertes d'une peau velue, et ne tombent jamais; tantôt sont pareillement osseuses, mais finissent par se dépouiller de la peau qui les recouvrait d'abord, et tombent ou se séparent du crâne pour renaître ensuite plus considérables; tantôt, enfin, sont enveloppées d'un étui de substance cornée qui croît par la base, comme les ongles. C'est la matière de cet étui qui est connue particulièrement sous le nom de corne; la proéminence qui recouvre cette corne creuse s'accroît avec elle pendant toute la vie et ne tombe jamais.

Les ruminants à cornes pleines, qui sont toujours recouvertes d'une peau velue, et ne tombent point, ne forment qu'un seul genre : ce sont les *girafes,* animaux de l'intérieur de l'Afrique, dont le cou est long et les jambes très-hautes, celles de devant surtout; leur peau est élégamment mouchetée de brun sur un fond blanc. La girafe est le plus élevé de tous les quadrupèdes, car sa tête atteint à 6 mètres de hauteur. Elle est d'un naturel très-doux et se nourrit de feuilles d'arbres.

Les ruminants à cornes pleines qui tombent et repoussent périodiquement, et qu'on désigne communément par le nom de bois, composent le grand genre des *cerfs*, animaux légers à la course et habitants des forêts. Leur tête est armée de bois qui tombent tous les ans; les femelles toutefois en sont presque toujours dépourvues. La forme varie selon l'âge, dans chaque espèce, par le nombre de ramifications qu'elle présente. Les cerfs ont tous le poil ras, la queue courte, les jambes grêles et élevées, la course rapide, et au devant de chaque œil une fossette appelée *larmier*. Les uns ont le bois aplati, ce sont l'élan, le renne et le daim; les autres ont le bois rond : tels sont le cerf commun, l'axis et le chevreuil.

L'*élan*, le plus grand des cerfs, vit en troupes dans les forêts marécageuses du nord des deux continents. Sa taille égale celle du cheval; son pelage est gris; ses bois forment deux grandes lames aplaties, ovales et dentelées au bord externe.

Le *renne* , animal domestique des Lapons, célèbre par sa légèreté et par les services importants qu'il rend à ces peuples du Nord, est
grand comme un cerf, d'un brun grisâtre, et
porte des bois qui se terminent en palmes élar-

Fig. 30· Le daim.

gies et dentelées. Le *daim* est un peu plus petit
que le cerf, a le pelage brun, tacheté de blanc,
et des bois larges et dentelés; il est commun
dans tous les pays d'Europe. Le *cerf* commun
est d'une couleur brune ou fauve en été, avec

une ligne noirâtre et deux rangées de petites taches le long de l'épine ; en hiver, il est d'un gris brun uniforme. Quand il a atteint toute sa croissance, ses bois présentent sept ramifications qui partent d'une tige commune. La femelle n'a pas de bois ; elle se nomme *biche*. Le petit, qu'on appelle *faon*, est tacheté de blanc. L'*axis* est un cerf de l'Inde dont le pelage est agréablement moucheté de blanc. Le *chevreuil* est une espèce d'un gris fauve, à petits bois fourchus, qui vit en couples dans les forêts d'Europe.

Les ruminants à cornes creuses se subdivisent, d'après la forme de celles-ci, en quatre genres, qui sont : les antilopes, les chèvres, les moutons et les bœufs.

Les *antilopes* ont pour caractère des cornes à noyau osseux solide, dont le contour est rond, et qui, se portant d'abord en haut, prennent ensuite des inflexions différentes, selon les espèces. Ces animaux ressemblent aux cerfs par leurs larmiers, leur poil ras, leur taille svelte et élégante, et leur course légère. Parmi les espèces de ce genre, nous citerons le chamois des Alpes, dont les cornes sont lisses et recourbées en arrière ; et la gazelle du nord de l'Afrique, dont les cornes se courbent comme les branches d'une lyre. Cette dernière est célèbre par l'élégance de ses formes et la douceur de son regard.

Les *chèvres* ont des cornes dirigées en haut et

Fig. 31. Les chèvres.

en arrière, dont le noyau osseux renferme des

Fig. 32. Les moutons.

cellules; elles ont, en outre, le chanfrein concave et le menton garni d'une longue barbe. Les principales espèces sont : la chèvre domestique, dont le mâle porte le nom de *bouc*; le bouquetin et la chèvre de Cachemire.

Les *moutons* ont les cornes dirigées en arrière et revenant plus ou moins en avant en spirale; leur chanfrein est convexe, et ils manquent de barbe. Tels sont le mouton ou bélier,

Fig. 33. Le bison.

quent de barbe. Tels sont le mouton ou bélier, et la brebis ordinaire, dont les petits se nomment *agneaux*; le mouton d'Espagne ou la brebis mérinos à laine fine; le mouton de Corse, à cornes recourbées en cercle.

Les *bœufs* ont les cornes dirigées de côté et revenant vers le haut ou en avant, en forme de croissant, et un repli de la peau qui pend sous le cou et qu'on nomme *fanon*. Ce sont de grands animaux à muffle large, à taille trapue et à jambes robustes. On distingue parmi les espèces le bœuf ordinaire, ou le taureau et la vache, dont les petits se nomment veau et génisse ; le buffle d'Italie et le bison d'Amérique, qui a une bosse sur les épaules, une longue barbe et la tête couverte d'une laine épaisse.

Ordre des cétacés.

Cet ordre comprend les mammifères aquatiques qui n'ont point de pieds de derrière, et dont les membres antérieurs sont courts et transformés en nageoires. Ces animaux, que le vulgaire range à tort parmi les poissons, avec lesquels ils n'ont qu'une certaine ressemblance de forme extérieure, s'assimilent aux autres mammifères par toute leur organisation interne : comme eux ils ont le sang chaud, des oreilles ouvertes à l'extérieur, des poumons, un cœur à deux ventricules, des mamelles au moyen desquelles ils allaitent leurs petits, qui naissent vivants. Quoique ayant la forme générale des poissons, ils diffèrent, même extérieurement, des animaux de cette classe, en ce que leur corps est terminé par une nageoire horizontale, tandis que les poissons ont toujours la nageoire de la queue verticale. Ils sont, en outre, distingués par des *événts* ou narines ouvertes, en général, au sommet de la tête, et qui leur servent le plus souvent au rejet de l'eau qu'ils ont avalée. Comme les poissons, les mammifères cétacés se tiennent habituellement dans l'eau, mais ils sont forcés de venir fréquemment à la surface pour respirer. Ils ont de petits yeux, une grosse tête attachée sans cou à un tronc très-allongé et conique, lequel se continue avec une queue épaisse que termine la nageoire horizontale. Leur peau est généralement lisse ou sans poils apparents. On a subdivisé l'ordre des cétacés en deux familles : les herbivores, qui ont des dents à couronne plate, et les cétacés ordinaires, qui n'ont point de dents propres à la mastication.

Famille des cétacés herbivores.

Cette famille se compose des espèces qui ont des molaires à couronne plate, se nourrissent d'herbes et sortent souvent de l'eau pour venir ramper et paître sur la rive. Leurs narines ne leur servent point à rejeter l'eau qui entre dans leur bouche, et sont percées dans la peau au bout du museau, dont les côtés sont garnis de fortes moustaches. Ces moustaches, et les deux mamelles placées sur leur poitrine, leur donnent de loin quelque ressemblance avec des hommes ou des femmes, quand ils font sortir verticalement hors de l'eau la partie antérieure du corps, et c'est là, sans doute, ce qui a donné lieu aux fables des tritons et des sirènes. Tels sont les *lamantins*, qui ont le corps oblong, terminé par une nageoire ovale allongée, des moustaches très-fortes et des vestiges d'ongles sur le bord des nageoires pectorales. On les a nommés *vaches marines, femmes marines*, etc. Ils vivent à l'embouchure des fleuves, sur les côtes d'Afrique et sur celles de l'Amérique méridionale.

Famille des cétacés ordinaires.

Cette famille comprend les cétacés connus vulgairement sous le nom de *souffleurs*, qui ont des évents ou des narines ouvertes au sommet de la tête, et qui servent non-seulement à la respiration, mais encore à rejeter l'eau qui pénètre dans la bouche du cétacé lorsqu'il saisit sa nourriture. C'est ainsi qu'ils produisent ces jets d'eau qui les font remarquer de loin par les navigateurs. Ils n'ont aucun vestige de poil ; tout leur corps est couvert d'une peau lisse, sous laquelle est un lard épais qui contient une graisse huileuse ; leurs mamelles sont situées auprès de 'anus. Ils se nourrissent de matières animales qu'ils avalent sans les mâcher, leurs mâchoires étant dépourvues de véritables dents, ou n'ayant que des dents coniques propres seulement à retenir la proie. C'est parmi les souffleurs que l'on trouve les plus gros animaux connus, puisqu'il en est qui atteignent une longueur de plus de 30 mètres, et qui pèsent plus de 150 000 kilogrammes. Cette famille se divise en quatre genres principaux, savoir: les dauphins, les narvals, les cachalots et les baleines. Les dauphins et les narvals ont la tête en proportion avec le reste du corps ; chez les cachalots et les baleines, elle est si démesurément grande, qu'elle fait à elle seule le tiers ou la moitié de la longueur du corps.

Les *dauphins* sont des animaux carnassiers qui ont les deux mâchoires armées de dents pointues, et dont les évents se réunissent pour former une seule ouverture en croissant au sommet de la tête. On distingue parmi les espèces le dauphin ordinaire, dont le museau arrondi se prolonge en une sorte de bec qui lui est comme ajouté, et le marsouin, dont le museau est court et sans bec; ces deux espèces se nourrissent de poissons. La dernière remonte souvent les fleuves et les rivières.

Les *narvals* n'ont aucunes dents proprement dites, mais seulement deux défenses droites et pointues sortant directement de l'extrémité de

la mâchoire supérieure. Ces défenses, sillonnées en spirale, sont quelquefois longues de 2
à 4 mètres. Ordinairement, une seule se développe, l'autre reste cachée dans l'alvéole.

Les *cachalots* n'ont de dents qu'à la mâchoire
inférieure. La partie supérieure de leur énorme
tête, qui égale presque la moitié de la longueur

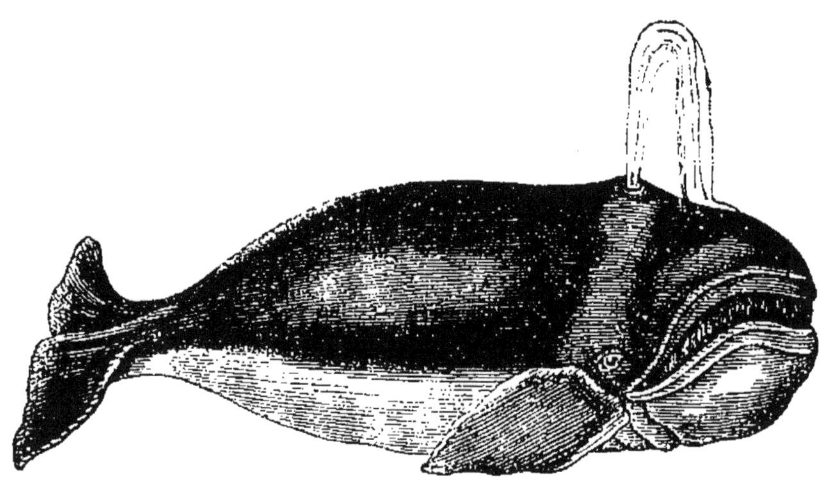

Fig. 34 La baleine.

du corps, contient dans de grandes cavités une
sorte d'huile figée qui est connue dans le commerce sous le nom de *blanc de baleine*, et dont
on fait aujourd'hui des bougies. La substance
odorante qu'on appelle *ambre gris* paraît être
une concrétion qui se forme dans les intestins
des cachalots.

Les *baleines* égalent les cachalots pour la

taille et pour la grandeur de la tête, mais n'ont aucunes dents proprement dites. Leur mâchoire supérieure, en forme de carène, a ses deux côtés garnis de fanons ou lames de corne à bords effilés, sortes de peignes frangés au travers desquels l'eau peut s'écouler en partie, mais qui retiennent les petits animaux dont ces énormes cétacés se nourrissent; car il paraît qu'ils font leur principale nourriture de vers, de très-petits mollusques et de zoophytes. Ce sont des animaux de mœurs douces et stupides. Les fanons fournissent la *baleine* du commerce: ces lames cornées sont longues de plus de 3 mètres, et un seul individu en a huit ou neuf cents de chaque côté du palais. La baleine atteint 20 à 30 mètres de longueur, et sa gueule a 6 mètres d'ouverture. On extrait de ces animaux une très-grande quantité d'huile: un seul en fournit jusqu'à cent vingt tonneaux.

Jadis la baleine descendait jusque dans nos mers: elle était commune dans le golfe de Gascogne; mais la chasse active dont elle a été l'objet l'en a fait disparaître, et peu à peu elle s'est retirée devant le pêcheur jusque dans les mers du Nord. La pêche se fait aujourd'hui dans les mers du Groënland; elle occupe chaque année plus de cent cinquante navires. Lorsque les pêcheurs aperçoivent une baleine, ils mettent aussitôt leur chaloupe à la mer, et s'avancent en silence vers elle ; l'un d'eux, debout à la proue, tient à la main un harpon, sorte de lance attachée à une corde, et aussitôt qu'il est à portée de la baleine, il la lance de manière à la faire pénétrer profondément dans le corps de l'animal, qui, se sentant blessé, plonge aussitôt avec la rapidité d'un trait, et entraîne avec lui la corde attachée à cet instrument ; mais bientôt le besoin de respirer le force à remonter à la surface, et alors on le harponne de nouveau. Épuisée par la fatigue et la perte de sang, la baleine fait un dernier et terrible effort, élève sa queue au-dessus de l'eau et l'agite d'un mouvement convulsif qui se fait entendre à une distance de plusieurs milles. Enfin, succombant tout à fait, elle se couche sur le flanc et expire. Les pêcheurs l'attirent à eux à l'aide de cordes, et l'attachent aux flancs de leur navire ; puis, armés d'énormes couteaux et d'un instrument qui ressemble à une bêche, ils descendent dessus et enlèvent par tranches le lard dont toute sa surface est recouverte.

Ce lard est aussitôt déposé dans des barils pour être fondu lors du retour.

CLASSE DES OISEAUX.

Les oiseaux sont des animaux ovipares, à sang chaud, pourvus d'ailes et de plumes, et entièrement organisés pour le vol. Ils ont un cœur à deux ventricules, et des poumons sans diaphragme, percés de trous qui laissent pénétrer l'air dans toutes les parties du corps et jusque dans les os qui sont creux. Il en résulte que leur respiration est plus étendue que celle des mammifères, et qu'elle est en quelque sorte double, en ce que non-seulement le sang respire dans les poumons, mais se retrouve encore en contact avec l'air dans sa circulation à travers les autres organes. Les oiseaux n'ont ni lèvres ni dents, mais un bec formé de deux mandibules garnies de corne; leur cou est long et mobile; les principaux viscères du tronc sont placés sous l'extrémité postérieure de la colonne vertébrale. Les clavicules se réunissent pour former un os en forme de V, nommé *fourchette*, au devant du sternum, qui présente inférieurement une crête appelée *bréchet*. Les oiseaux ont un estomac musculeux ou *gésier*, précédé d'une poche qu'on nomme *jabot*, et qui est située vers la région inférieure du cou. Leur corps est toujours penché en avant des pieds; ceux-ci se réduisent à un seul os long nommé *tarse*, terminé par trois poulies, et placé presque verticalement sur les doigts, qui sont ordinairement au nombre de quatre. Les tendons des muscles fléchisseurs de ces doigts sont disposés de manière que le simple poids du corps de l'oiseau, en déterminant la flexion des cuisses et des jambes, produit en même temps celle des doigts, et leur fait serrer la branche sur laquelle il est perché; d'où il suit qu'il peut dormir en se tenant sur un ou deux pieds. L'extrémité du canal intestinal est un orifice commun aux urines, aux excréments et aux œufs; on l'appelle *cloaque*. Les œufs des oiseaux sont toujours revêtus d'une coquille calcaire. On sait que ces animaux en prennent un soin tout particulier; qu'ils les déposent dans des nids qu'ils ont construits avec beaucoup d'art; qu'ils les couvent pour les faire éclore, et qu'ils se livrent ensuite à l'éducation de leurs petits avec une touchante sollicitude.

L'œil des oiseaux est organisé de manière à distinguer également bien les objets de loin comme de près. Outre les deux paupières ordinaires, il y en a toujours une troisième placée à l'angle interne, et qui, au moyen de muscles particuliers, peut couvrir le devant de l'œil comme un rideau, de façon à affaiblir les rayons trops vifs de la lumière. Les oiseaux n'ont pas de conque extérieure à l'oreille; leurs narines ont en général peu d'étendue. Cependant on sait qu'ils perçoivent très-bien les odeurs, que les vautours, par exemple, arrivent de très-loin comme attirés par les exhalaisons des cadavres. Quant à l'organe du goût, il est presque nul chez les oiseaux, qui avalent leur nourriture sans la mâcher.

On distingue dans le plumage des oiseaux les pennes, ou grandes plumes des ailes et de la queue, et les plumes proprement dites. Les pennes des ailes s'appellent *rémiges* ou rames; celles de la queue se nomment *rectrices*, parce qu'elles font en quelque sorte l'office d'un gouvernail. On donne le nom de *couvertures* à de petites pennes qui recouvrent la base des grandes pennes des ailes ou de la queue. Quelquefois, cependant, les couvertures se prolongent au delà des rectrices, comme on le voit dans la queue du paon. Le plumage des oiseaux éprouve des mues successives; les plumes tombent et se renouvellent une ou deux fois par an, et ce phénomène a lieu ordinairement après la ponte. La couleur du plumage varie dans chaque espèce, selon la saison de l'année, ou selon le sexe ou l'âge des individus. Beaucoup d'espèces éprouvent aussi le besoin de changer de séjour et de climat à certaines époques : tout le monde connaît les migrations des hirondelles, des coucous ; les longs voyages des cailles, des canards, des grues et des cigognes. Ces migrations sont ce que les chasseurs appellent le passage des oiseaux.

Les séjours ou les lieux différents qu'habitent ces animaux étant assez bien indiqués par la disposition de leurs pattes, et le régime ou genre de nourriture par la forme du bec, c'est d'après les modifications diverses que présentent le bec et les pieds que l'on a subdivisé la classe des oiseaux en six ordres, qui sont : les *rapaces* ou oiseaux de proie, les *grimpeurs*, les *passereaux*, les *gallinacés*, les *échassiers*, et les *palmipèdes*.

Ordre des rapaces.

Les *rapaces*, ou oiseaux de proie, ont un bec crochu, dont la pointe se recourbe en bas des pieds courts et des doigts au nombre de quatre, dirigés trois en avant, et un en arrière (le pouce), et armés d'ongles forts et crochus (griffes ou serres). Ils se nourrissent de chair et poursuivent les autres oiseaux. Ils ont le vol rapide et puissant, vivent par paires, ne pondent qu'un petit nombre d'œufs dans un nid appelé *aire*, et toujours placé sur un lieu élevé. La femelle est ordinairement plus grosse

r le mâle; elle couve seule, et le mâle la nour-
t pendant la durée de l'incubation. Les petits

Fig. 35. L'aigle.

aissent faibles et aveugles. Les rapaces se sub-
ivisent en deux familles : les diurnes et les
octurnes.

Famille des diurnes.

Cette famille comprend les espèces dont les
eux sont dirigés sur les côtés, et dont le bec
st le plus souvent couvert à sa base d'une peau
ue et colorée, nommée *cire*. Elles ont un doigt
errière et trois devant, dont les deux externes
resque toujours réunis à leur base par une
ourte membrane. Ces oiseaux sont remarquables par cette singularité, que les mâles sont
d'environ un tiers moins grands et moins forts
que les femelles, ce qui leur a fait donner le
nom de *tiercelets*. Leur vue est tellement per-
çante, qu'ils découvrent d'une élévation de plusieurs centaines de mètres un petit animal qui se
cache dans un sillon, ou parmi des touffes d'herbes; et ils ont une telle justesse dans le regard,
qu'ils tombent comme la foudre sur leur victime,
et l'enlèvent dans leurs griffes sans toucher le
sol. Ils se partagent en trois grands genres : les
vautours, les griffons et les faucons.

Les *vautours* ont le bec droit et crochu à son
extrémité seulement, les ongles peu courbés et
faibles, la tête et une partie du cou presque à
nu, mais pouvant se retirer dans une espèce de
collier formé au bas du cou par de longues
plumes; et ils se nourrissent de charognes plus

souvent que de proie vivante. On en connaît plusieurs espèces dans les deux continents, mais sur-

Fig. 36. Le vautour.

tout en Amérique ; le condor des Andes, remarquable par sa grandeur, appartient à ce genre.

Les *griffons* ou gypaëtes ont la tête couverte de plumes, le bec très-fort, droit, crochu et renflé au bout ; des soies roides formant une

Fig. 37. Le gypaëte.

sorte de barbe sous le bec, des ailes très-longues, et des tarses emplumés jusqu'aux doigts. Le gypaëte des Alpes, surnommé le vautour des agneaux, est le plus grand oiseau de l'Europe ; il fait son séjour dans les plus hautes montagnes, enlève des moutons, et attaque même les hommes endormis. Il est long de 10 à 12 décimètres, et a jusqu'à 3 mètres d'envergure.

Les *faucons* ont la tête et le cou revêtus de plumes, et une cire à la base du bec ; leurs yeux sont enfoncés sous une espèce de sourcil. La plupart se nourrissent de proie vivante. Ce genre comprend : 1° les *faucons proprement dits*, qui ont la seconde penne de l'aile plus longue que les autres, et dont le bec supérieur est échancré de chaque côté. On les emploie pour la chasse à cause de leur courage, de la rapidité de leur vol, et de la facilité avec laquelle on les dresse à poursuivre le gibier et à revenir quand on les appelle ; 2° plusieurs sous-genres, qui ont la première penne très-courte, et dont le bec n'a point de dents sur les côtés : tels sont les *aigles*, qui ont le bec allongé, crochu seulement à son extrémité ; les *messagers* ou *secrétaires*, qui portent une huppe derrière le cou, ont les tarses très-allongés, et se nourrissent principalement de serpents et de reptiles.

Famille des nocturnes.

Cette famille comprend les espèces à grosse tête, qui ont le bec courbé dans toute sa lon-

gueur, de grands yeux ronds dirigés tous les
deux en avant, et dont la face est enveloppée
dans une sorte de collerette de plumes à barbes
fines et roides. Ces oiseaux sont blessés par le
trop grand éclat de la lumière ; ils ne chassent

Fig. 38. La chouette.

que pendant le crépuscule et la nuit. Leurs pieds
sont couverts de petites plumes, même sur les
doigts. Leurs ailes sont courtes, et leur vol faible.
Leurs plumes sont généralement si douces,
qu'ils ne font aucun bruit en volant. Lorsqu'ils

sont exposés à une vive lumière, ils demeurent immobiles, en faisant des gestes et des contorsions ridicules ; les autres oiseaux viennent en troupes les insulter ; ce qui fait qu'on les emploie pour attirer les petits oiseaux à la pipée. On distingue parmi eux les *ducs* ou *hiboux*, qui ont la tête surmontée d'aigrettes de plumes, et les *chouettes* ou *chats-huants*, qui sont sans aigrettes (fig. 38, p. 151).

Ordre des passereaux

Cet ordre embrasse tous les petits oiseaux sauteurs et chanteurs, et tous ceux qui, comme eux, ont les ongles et le bec presque droits, des tarses faibles et courts, et quatre doigts, dont trois devant et un derrière, les deux doigts externes de devant étant le plus souvent soudés en partie. Les femelles sont en général plus petites et moins brillantes que les mâles. Les passereaux vivent toujours par paires ; leurs petits paissent aveugles, et les parents sont obligés de faire leur éducation. On partage cet ordre en deux divisions d'après les pieds, et on le subdivise ensuite en familles d'après la forme du bec. La première division comprend toutes les espèces dont le doigt interne est dirigé en avant et presque entièrement libre, ou n'est réuni que par sa base au doigt médian ; elle se subdivise en quatre familles : les *dentirostres*, les *fissirostres*, les *conirostres* et les *ténuirostres*. La seconde division comprend les passereaux dont le doigt externe, dirigé en avant, est soudé à celui du milieu dans une grande partie de sa longueur : ce qui les a fait appeler *syndactyles*. Ils ne forment qu'une seule famille.

Famille des dentirostres.

La famille des DENTIROSTRES renferme toutes les espèces dont le bec est crénelé ou échancré aux côtés de la pointe. La plupart vient d'insectes ou de baies. Les genres se déterminent par la forme générale du bec. Nous citerons parmi les genres principaux :

Les *pies-grièches*, qui ont le bec comprimé par les côtés et crochu par le bout. Elles sont remarquables par l'attachement qu'elles ont pour leurs petits et le courage avec lequel elles les défendent. Leur voix est désagréable. Elles nichent sur les arbres et les buissons. Lorsqu'elles prennent de petits oiseaux ou de gros insectes, elles les fichent dans les épines des buissons pour les retrouver au besoin.

Les *merles*, qui ont le bec comprimé et arqué, et dont le plumage est coloré par grandes masses. Le merle ordinaire a le corps noir et le bec jaune; il s'apprivoise aisément, apprend

Fig. 39. La grive.

à siffler des airs et même à contrefaire la voix humaine.

Les *grives*, qui ressemblent aux merles, mais dont le plumage est marqué de petites taches noires ou brunes. Ces oiseaux ont un chant agréable, vivent d'insectes et de fruits, voyagent en grandes troupes, et sont excellents à manger.

Les *becs-fins*, petits oiseaux à bec droit en forme d'alêne, qui vivent d'insectes et de vers. Les principales espèces de ce genre sont la fau-

vette, le rossignol, le rouge-gorge, le hoche-
queue, le roitelet.

Famille des fissirostres.

Cette famille comprend les espèces qui ont
le bec court, aplati horizontalement, et fendu
très-avant. Ces oiseaux vivent d'insectes, qu'ils
saisissent en volant la bouche béante. Les principaux genres sont :

Les *martinets*, qui ont la queue fourchue,
comme les hirondelles, les ailes longues, les
pieds courts, et les quatre doigts dirigés en
avant. Ce sont de tous les oiseaux ceux qui volent avec le plus de force.

Les *hirondelles*, remarquables aussi par l'é-
tendue de leur vol, la grandeur de leurs ailes et
la forme de leur queue. On connaît les nids
solides qu'elles se construisent contre les maisons avec de petits brins de paille et de terre
humide. Ces oiseaux quittent nos climats au
commencement de l'hiver; ils se rassemblent
pendant deux ou trois jours, et partent d'un
même point en troupes innombrables, à des
époques qui paraissent déterminées. Les marins qui parcourent la Méditerranée en rencontrent assez fréquemment pendant leurs migrations : elles viennent se reposer sur les

vergues des navires. On mange à la Chine les nids d'une espèce d'hirondelle qu'on nomme

Fig. 40. L'hirondelle.

salangane, et qui les construit avec une matière gélatineuse recueillie sur les bords de la mer.

Les *engoulevents* ou *tette-chèvres*, qui ne volent que le soir, et font leur principale proie de papillons de nuit. Ils sont deux ou trois fois plus gros que les martinets, et ont le plumage gris mêlé de brun. C'est à tort que l'on a cru que ces oiseaux tetaient les chèvres pendant la nuit.

Famille des conirostres.

La famille des CONIROSTRES comprend les genres à gros bec plus ou moins conique, qui

Fig. 41. L'alouette

vivent de grains. Tels sont les *alouettes*, les *mésanges*, les *moineaux*, les *pinsons*, les *linottes* et *chardonnerets*, les *serins*, les *bouvreuils*; les *becs-croisés*, dont les mandibules croisent leurs pointes; les *corbeaux*, les *pies*, les *geais*, les *oiseaux de paradis* originaires de la Nouvelle-

Guinée et des îles voisines, et dont les belles plumes servent à faire des aigrettes pour la parure des dames.

Famille des ténuirostres.

Les TÉNUIROSTRES sont les genres à bec grêle, allongé, sans échancrure, qui vivent d'insectes et du suc des plantes. On n'en distingue que trois : les huppes, les grimpereaux et les colibris.

Les *huppes* ont sur la tête une double rangée de plumes qu'elles redressent à leur gré. Les *grimpereaux* sont de petits oiseaux à bec arqué, qui grimpent très-bien sur les arbres et sur les murs, en se servant de leur queue comme d'un arc-boutant.

Les *colibris* sont des oiseaux d'Amérique célèbres par leur petitesse et par les couleurs métalliques qui enrichissent leur plumage. Leur bec est très-grêle, et leur langue, faite en tube et susceptible de s'allonger beaucoup, leur sert à sucer le nectar des fleurs, autour desquelles on les voit voltiger. Les colibris proprement dits sont ceux qui ont le bec arqué ; on donne le nom d'*oiseaux-mouches* à ceux dont le bec est droit. Le plus petit des oiseaux-mouches est de la grosseur d'une abeille.

Famille des syndactyles.

Dans tous les passereaux des familles précédentes, le doigt externe est réuni à l'interne seulement par une ou deux phalanges. La famille des SYNDACTYLES comprend ceux où le doigt externe, presque aussi long que celui du milieu, lui est uni jusqu'à l'avant-dernière articulation. Les principaux genres de cette famille sont : ·

Les *guêpiers*, qui ont le bec allongé et arqué, et volent comme les hirondelles à la poursuite des insectes, et surtout des guêpes et des abeilles ;

Fig. 42. Le martin-pêcheur.

Les *martins-pêcheurs*, qui se nourrissent du

poisson qu'ils saisissent en volant à la surface de l'eau ;

Les *calaos*, grands oiseaux d'Afrique et des Indes, extrêmement remarquables par la grosseur et la forme de leur bec, dont l'intérieur est celluleux. Ce bec énorme est surmonté quelquefois d'une proéminence redressée ou arquée, qui l'égale lui-même en grosseur.

Ordre des grimpeurs.

Les GRIMPEURS sont les oiseaux dont le doigt externe se porte en arrière comme le pouce; ce qui leur donne une grande facilité pour s'accrocher aux branches des arbres, mais les gêne beaucoup pour marcher sur un terrain uni. Ils ont donc deux doigts en avant et deux doigts en arrière. Les uns ont un bec grêle, et se nourrissent d'insectes et de vers ; les autres ont un bec gros et léger, et vivent pour la plupart de graines et de fruits. Les principaux genres sont les pics, les coucous, les toucans et les perroquets.

Les *pics* ont un bec très-long comprimé à sa pointe et propre à fendre l'écorce des arbres; une langue très-longue, cylindrique, visqueuse et terminée par des pointes recourbées en arrière; ils peuvent la faire sortir très-avant hors du bec, et l'y retirer; ils s'en servent pour saisir les vers et les extraire des fentes de l'écorce.

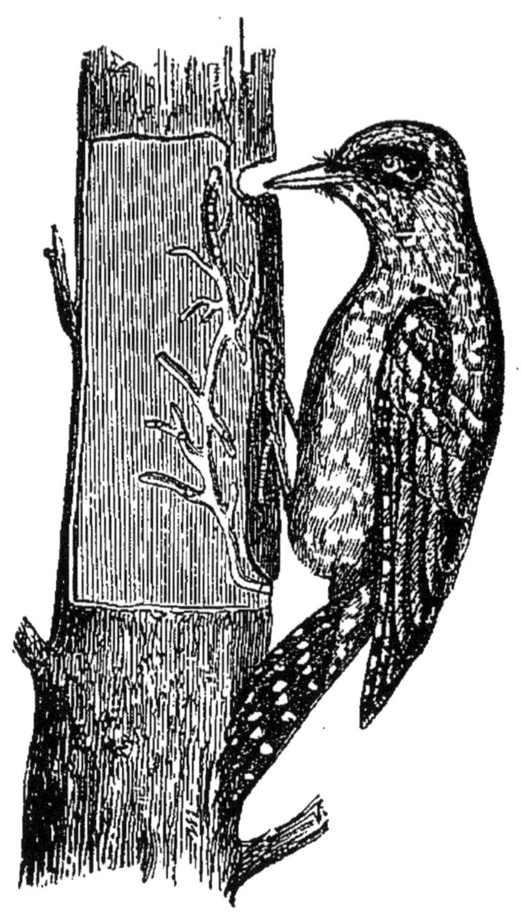

Fig. 43.   Le pic.

Les *coucous* sont des oiseaux émigrants, célèbres par leur instinct particulier de pondre dans les nids étrangers. L'oiseau auquel le nid appartient couve l'œuf, nourrit et élève le jeune coucou avec autant de soin qu'il aurait fait de ses propres petits.

Les *toucans* de l'Amérique méridionale sont reconnaissables à leur énorme bec, presque aussi gros et aussi long que le corps, et qui pèserait plus que lui, s'il n'était d'une substance spongieuse. Ils se nourrissent habituellement de fruits et d'insectes. La structure de leur bec les empêche de mâcher leur nourriture, et quand ils l'ont saisie, ils la jettent en l'air pour l'avaler plus aisément.

Fig. 44. La perruche

Les perroquets ont le bec gros et recourbé, la

langue épaisse et charnue. **Ils** se nourrissent
de fruits de toute espèce, et habitent les forêts
de la zone torride. On appelle *kakatoes* ceux qui
ont sur la tête une huppe mobile ; *loris*, ceux
qui ont des plumes rouges ; *aras*, ceux qui ont
une queue longue et étagée et les joues dénuées de plumes ; *perruches*, les espèces moin-
dres que les aras, et dont les joues sont recouvertes.

Ordre des gallinacés.

Les GALLINACÉS sont des oiseaux pesants et
en général à vol court, à mandibule supérieure
voûtée, dont les narines sont recouvertes en
partie d'une pièce charnue, et dont les pieds,
d'une grandeur médiocre, ont les doigts de devant réunis à leur base par une courte membrane. Leurs ailes sont en général courtes, et
leur sternum est diminué par de larges échancrures. La plupart couvent à terre sans faire de
nids. Ils vivent principalement de grains, et
avalent leur nourriture sans l'écraser. Quelques
espèces ont les tarses armés d'un éperon pointu.
Cet ordre renferme presque tous nos oiseaux
de basse-cour. Aucun autre n'offre à l'homme
plus de ressources pour ses besoins et ses jouis-
sances. La chair de beaucoup de gallinacés est

un mets sain et léger, et leurs plumes servent à divers usages. Ces oiseaux sont presque tous originaires des contrées chaudes des deux continents. Ils aiment à se couvrir de poussière, habitude dont le principal motif paraît être de se débarrasser de la vermine qui les tourmente. Nous citerons les genres les plus importants à connaître.

Les *pigeons* semblent tenir le milieu entre les passereaux et les gallinacés On les reconnaît à

Fig. 45. Le pigeon.

leur jabot très-ample, et à leur bec renflé par le bout et percé à la racine par des narines couvertes d'une peau molle. Ils vivent par couples et se construisent des nids.

Les *paons* ont sur la tête une aigrette de plumes redressées et élargies au bout; les couvertures de la queue sont très-longues chez les mâles, et peintes à leur extrémité de taches brillantes en forme d'yeux. L'oiseau peut faire la roue en les relevant à volonté. Notre paon domestique est originaire de l'Inde, et a été apporté en Europe par Alexandre.

Les *dindons* ont la tête nue et couverte d'une peau mamelonnée, sous la gorge et sur le front

Fig. 46. Le dindon.

des caroncules ou masses charnues qui s enflent et changent de couleur selon les affections de l'oiseau. Ils sont originaires de l'Amérique méridionale, bien qu'on les ait nommés *coqs d'Inde*, parce qu'on appelait autrefois le Brésil les Indes occidentales.

Les *faisans* ont les joues en partie dénuées de plumes et garnies d'une peau rouge. Ce sont, en général de beaux oiseaux dont la chair est

Fig. 47. Le faisan.

excellente. Leur tête est ordinairement ornée d'une huppe soyeuse. Les mâles ont un plumage beaucoup plus brillant que celui des femelles. On distingue dans ce grand genre le *coq* et la *poule ordinaire*, qui ont une crête charnue sur la tête, des barbillons de même nature qui pendent sous leur bec, et dont les pennes caudales forment deux plans verticaux adossés l'un à l'autre; et les *faisans proprement dits* (fig. 47), qui ont la queue longue, étagée, et les pennes ployées chacune en deux plans, et se recouvrant comme des toits. Les plus belles espèces sont le faisan doré de la Chine, qui a la tête ornée d'une huppe couleur d'or et l'*argus*, ainsi nommé à cause des yeux qui sont peints sur toute l'étendue de ses ailes et de sa queue.

Les *tétras* se reconnaissent à une bande nue au-dessus de l'œil, dont la peau est ordinairement d'un beau rouge. Ce grand genre comprend les *tétras* proprement dits, qui ont les tarses garnis de plumes, tels que les coqs de bruyère; les *perdrix*, à sourcils rouges et à tarses nus armés d'un éperon ou ergot chez les mâles; les cailles, plus petites que les perdrix, sans sourcils rouges et sans éperon, ayant le dos brun et ondé de noir. Tout le monde connaît les perdrix grises qui nichent au milieu de nos champs, où elles vivent par paires. Sur la fin de l'été, elles se réunissent en compagnies plus ou moins nombreuses. Les cailles deviennent très-grasses et disparaissent en hiver; quoique très-lourdes, elles traversent la Méditerranée d'un seul vol, en choisissant le vent favorable.

Ordre des échassiers

Les ÉCHASSIERS, ou oiseaux de rivage, ont les tarses très-longs, les jambes nues par en bas,

Fig. 48. La cigogne.

le cou et le bec allongés, ce qui leur permet de marcher à gué sur le bord des eaux ou dans les marais, pour y chercher leur nourriture, qu'ils pêchent au moyen de leur long cou et de leur long bec. Ceux qui ont le bec fort vivent de poissons ou de reptiles ; ceux qui l'ont faible, de vers et d'insectes. Quelques-uns se contentent de graines et d'herbages, et vivent alors éloignés des eaux. Ces oiseaux peuvent se tenir des heures entières sur un seul pied ; ils étendent leurs jambes en arrière lorsqu'ils volent, au contraire des autres, qui les reploient sous le ventre. On divise cet ordre en cinq familles : les *brévipennes*, les *pressirostres*, les *cultrirostres*, les *longirostres* et les *macrodactyles*.

Famille des brévipennes.

La première famille comprend les oiseaux à ailes trop courtes pour pouvoir voler, et qui n'ont point de pouce. Parmi les principaux genres sont les autruches et les casoars. Les *autruches* ont des ailes revêtues de plumes flexibles et pendantes, assez longues pour accélérer leur course, qui est plus rapide que celle des meilleurs chevaux. Ce sont les plus gros de tous les oiseaux connus ; leurs œufs pèsent plus d'un kilogr. et demi. Les plumes du croupion, pourvues de longues barbes fines et douces, servent à faire des panaches. On connaît deux espèces

d'autruches : celle de l'ancien continent, dont les
pieds n'ont que deux doigts, qui vit en troupes
dans les déserts de l'Afrique, et qui atteint jus-

Fig. 49. Le casoar.

qu'à 2ᵐ,5 de hauteur; et celle d'Amérique, qui
est plus petite et qui a trois doigts à ses pieds.
Les *casoars* d'Asie et de la Nouvelle-Hollande

sont de gros oiseaux dont les plumes ont des barbes si courtes qu'elles ressemblent à du poil ou à du crin ; ils ont des ailes plus courtes que les autruches, et qui leur sont totalement inutiles pour la course. Leurs pennes, sans barbes, ressemblent à des piquants, et l'oiseau s'en sert pour sa défense. La tête et une partie du cou sont nus et colorés en rouge ou en bleu ; de chaque côté pend un barbillon charnu ; le sommet est muni d'un casque osseux de couleur brune.

Famille des pressirostres.

Les PRESSIROSTRES ont un bec médiocre, comprimé, de hautes jambes sans pouce, ou dont le pouce est trop court pour toucher à terre. Nous citerons parmi eux : les *outardes*, qui ont, avec le port massif des gallinacés, les tarses élevés et les jambes nues des oiseaux de rivage. Ce sont les plus gros oiseaux de l'Europe. Elles vivent de grains, d'herbes et d'insectes. Leur chair est très-estimée. — Les *pluviers*, qui ont un bec comprimé et un peu renflé par le bout; ce sont des oiseaux de passage qui viennent dans nos plaines en automne et au printemps, et parcourent en grandes troupes les prairies en frappant la terre de leurs pieds, pour en faire sortir les vers dont ils se nourrissent. — Les *vanneaux*, qui ne diffèrent des pluviers que parce qu'ils ont un pouce. Ceux que l'on voit en Europe sont de jolis oiseaux, de la taille du pigeon, qui se distinguent par une aigrette de plumes longues et étroites qu'ils portent derrière la tête. Ils arrivent au printemps, vivent dans les champs cultivés, et partent en automne.

Famille des cultrirostres.

Les oiseaux de cette famille ont un bec long et fort, en forme de couteau, c'est-à-dire tranchant et pointu. Les principaux genres sont : les grues, les hérons, les cigognes et les flamants.

Les *grues* ont le bec droit, peu fendu, et la tête presque chauve. La grue commune est de couleur cendrée, haute de plus de 1^m, 3, et a de grandes plumes fixées sur le croupion. Cet oiseau se rend chaque automne dans les pays chauds en troupes innombrables et bien ordonnées. — Les *hérons* ont le bec fendu jusque sous les yeux, et l'ongle du doigt du milieu dentelé à son bord interne ; ils se nourrissent de grenouilles et de poissons. Le héron commun est d'un cendré bleuâtre avec les pennes des ailes noires, et une huppe de même couleur sur la tête. Une autre espèce de nos climats est le butor, qui se tient dans les roseaux, et se fait remarquer par une voix très-forte. — Les *cigo-gnes* diffèrent des hérons en ce que leur ongle du milieu n'est pas dentelé et que leur œil est

Fig. 50. Le héron.

moins près de la base du bec. L'espèce com-mune est blanche, avec les pennes des ailes noires, le bec et les pieds rouges. Elle vit dans les marécages du nord de l'Europe, où elle se nourrit de crapauds, de grenouilles et de serpents. Elle niche de préférence sur les toits et les sommets des clochers. Elle quitte nos climats dans l'hiver et se rend en troupes nombreuses dans les pays chauds. — Les *flamants* ont les ailes d'un rouge de rose vif, et se distinguent en même temps par la forme singulière de leur bec, qui représente à peu près un bec de canard, coudé au milieu. Cet oiseau est répandu dans les climats chauds et tempérés. Il fait dans les marais un nid de terre élevé, et se met à cheval sur ce nid pour couver ses œufs.

Famille des longirostres.

Les LONGIROSTRES ont un bec grêle, long et faible, qui ne leur permet guère que de fouiller dans la vase, pour y chercher les vers et les insectes. Tels sont les *ibis*, oiseaux à bec arqué, qui se nourrissent de reptiles, et que révéraient les anciens Égyptiens ; et les *bécasses*, qui ont le bec droit et le pouce assez allongé pour le poser à terre en marchant.

Famille des macrodactyles.

Ces oiseaux ont les doigts des pieds fort longs, et sans membrane intermédiaire. Nous citerons entre autres les *râles*, qui ont un bec comprimé, pointu, et le corps aplati sur les côtés ; et les *poules d'eau*, qui ressemblent aux râles, mais qui s'en distinguent par une plaque placée sur le front, à la base du bec. La chair de ces oiseaux est très-estimée.

Ordre des palmipèdes.

Les PALMIPÈDES ou oiseaux nageurs ont les pieds faits pour la natation, c'est-à-dire placés tout à fait à l'arrière du corps, très-courts et palmés entre les doigts Leur plumage est serré, et imbibé d'un suc huileux, qui le garantit contre l'humidité. Ils se tiennent habituellement sur les eaux, et vivent de poissons et autres productions aquatiques. Leur corps est ordinairement allongé, ainsi que leur cou. La glande que tous les oiseaux ont au-dessus du croupion, et qui sécrète le suc dont leurs plumes sont imbibées, est considérable chez les palmipèdes. Ils se frottent le bec de cette huile qu'ils portent ensuite sur les autres parties de leur corps. Ordinairement les mâles ont plusieurs femelles : celles-ci pondent un petit nombre d'œufs qu'elles couvent seules, et les petits vont à la recherche de leur nourriture

Fig. 51. Le cygne.

aussitôt qu'ils sont nés, comme ceux des gallinacés. Cet ordre se sous-divise en quatre familles : les *plongeurs*, les *longipennes*, les *totipalmes* et les *lamellirostres*.

Famille des plongeurs.

LES PLONGEURS ont les ailes très-courtes, le pouce libre ou nul, et le bec non dentelé. Ils ont les pattes beaucoup plus en arrière que les autres oiseaux, ce qui les oblige à se tenir à terre dans une position verticale; ils ne peuvent guère que nager et plonger. Tels sont les *grèbes*, oiseaux sans queue que l'on trouve à la surface des lacs et des étangs ; les *pingouins*, oiseaux des mers du Nord, qui ne volent point du tout et restent perpétuellement sur l'eau; les *manchots*, des mers du sud, qui sont encore moins ailés que les précédents : leurs ailes sont de simples moignons qui ressemblent à des nageoires, et leurs plumes ont plutôt l'apparence de poils.

Famille des longipennes.

LES LONGIPENNES, ou grands voiliers, sont des oiseaux de haute mer, à ailes très-longues, à pouce libre ou nul, et à bec sans dentelures. Nous en citerons les principaux genres. Les *pétrels*, ou oiseaux de tempête, ont un bec crochu par le bout, et au lieu de pouce un ongle implanté dans le talon. Ce sont de tous les

oiseaux nageurs ceux qui se tiennent le plus constamment éloignés des terres ; ils marchent sur
l'eau en se soutenant de leurs ailes. Lorsqu'une
tempête menace, ces oiseaux se rassemblent en
troupe, et cherchent un abri sur les vergues
des navires ; ce qui est un mauvais présage pour

Fig. 52. La mouette.

les malelots. — Les *albatros* n'ont ni pouce ni
ongle qui en tienne lieu. Ce sont des oiseaux
plus gros que nos oies, qui ont un bec fort et
tranchant ; ils habitent les mers australes. L'espèce la plus connue des navigateurs est celle
qu'ils ont nommée *mouton du cap*. Les *mouettes*

ou *goëlands*, oiseaux voraces, qui fourmillent sur les rivages de la mer.

Famille des totipalmes.

LES TOTIPALMES ont les doigts des pieds unis par une seule membrane. Ce sont les seuls palmipèdes qui se perchent sur les arbres. Ils sont bons voiliers, et nagent moins que les autres, quoique leurs pieds soient plus parfaitement palmés. Tels sont : les *pélicans* à bec long aplati en dessus, et garni en dessous d'une membrane en forme de sac, qui sert à l'animal à tenir de l'eau ou du poisson en réserve. Ce sont des oiseaux plus gros que les cygnes, qui fréquentent la mer et les eaux douces. — Les *frégates*, à long bec très-crochu par le bout, à queue fourchue et à plumage noir. Ce sont de tous les oiseaux de mer ceux qui volent le mieux. Ils ont jusqu'à 4 m., 5 d'envergure. — Les *paille-en-queue* ou *oiseaux du tropique*, faciles à reconnaître aux deux pennes du milieu de la queue, qui sont étroites et aussi longues que tout le corps, et qui, de loin, ressemblent à une paille. Leur grandeur est celle d'un pigeon. Ils sont très-connus des navigateurs, parce que, ne sortant point de la zone torride, ils leur annoncent le voisinage du tropique.

Famille des lamellirostres.

Les espèces de cette famille ont un large bec dentelé ou garni de lames sur les bords, le pouce libre et des ailes médiocres. Le bec est mou, revêtu d'une peau plutôt que d'une véritable corne. Ces oiseaux vivent plus sur les eaux douces que sur la mer, et se nourrissent de

Fig. 53. Le canard.

graines, d'herbes ou de petits animaux. Les dentelures ou les lames qu'on remarque sur les bords du bec paraissent destinées à faire passer l'eau comme par un tamis, quand l'oiseau a saisi sa proie. Tels sont : les *cygnes,* dont une espèce (le cygne blanc) est devenue domestique. Ce bel oiseau vit de poissons et de végétaux. Ce que l'on a dit du chant du cygne à sa mort n'est qu'une fable. — Les *oies*, dont le bec est aussi long que la tête, et qui varient en couleur dans l'état de domesticité. Elles vivent d'herbes et de graines. Les oies sauvages ont un plumage gris et nichent dans le nord : elles se rendent l'hiver en grandes troupes dans nos climats. — Les *canards*, qui ont le bec moins haut que large à sa base, et aussi large à son extrémité que vers la tête. Ils varient en couleur dans nos basses-cours, comme tous nos animaux domestiques. Les canards sauvages viennent chez nous en hiver en grandes troupes qui volent en triangles.

CLASSE DES REPTILES.

Les REPTILES sont des animaux ovipares, à peau nue ou couverte d'écailles, à sang rouge et froid, et respirant par des poumons, dont ils peuvent à volonté ralentir ou suspendre l'action. Leur cœur n'a qu'un seul ventricule, d'où naît une artère qui n'envoie qu'une faible portion de sang vers les poumons par les petits rameaux qu'elle leur fournit, et chasse immédiatement le reste vers toutes les parties du corps.

Les uns n'ont point de membres du tout, et ne se meuvent qu'en rampant ; les autres ont des pieds si courts, et tellement reployés contre le corps, dans le sens perpendiculaire à l'épine, que leur ventre traîne à terre. Ces animaux ont des habitudes généralement paresseuses. Ils ont la faculté de plonger très-longtemps, de demeurer enfouis dans la vase, ou dans les trous où l'air n'a point d'accès. Ils peuvent rester un temps considérable sans prendre de nourriture; dans les pays froids ou tempérés, ils passent souvent l'hiver dans l'engourdissement. Comme ils ont une langue, ils peuvent presque tous produire une voix ou un son. Plusieurs espèces ont les côtes libres, ou sont même tout à fait privées de côtes, ce qui leur permet de s'enfler parfois excessivement; et comme elles ont aussi les mâchoires dilatables, ainsi que l'œsophage, elles avalent souvent des proies plus grosses qu'elles. Les reptiles ont une force considérable de reproduction, c'est-à-dire qu'ils possèdent à un haut degré la faculté de reproduire certaines de leurs parties, quand elles leur sont enlevées. La queue des lézards, les pattes des salamandres renaissent après qu'on les a coupées. La plupart de ces animaux changent de peau de temps en temps, ce qui veut dire seulement qu'ils se dépouillent de la couche superficielle de leur

épiderme, que remplace une nouvelle couche
née en dedans de la première. Quelques espèces, parmi les serpents, ont pour arme un venin très-violent, sécrété par des glandes propres
situées sous l'œil, et qui est conduit et inséré
dans la plaie par des crochets, sortes de dents
aiguës que traverse un petit canal qui communique avec ces glandes. Aucun reptile ne couve
ses œufs : ceux des reptiles écailleux sont revêtus d'une coque dure ; au contraire, ceux des
reptiles à peau nue n'ont qu'une enveloppe glaireuse; ils éprouvent des changements, et le
jeune sujet en sort dans un état imparfait, pour
subir plus tard une véritable métamorphose. Les
reptiles se partagent en quatre ordres, dont les
trois premiers comprennent les espèces à peau
écailleuse et sans métamorphose, et le dernier
les espèces à peau nue et à métamorphose ; ces
ordres sont ceux des *chéloniens,* des *sauriens,*
des *ophidiens* et des *batraciens.*

Ordre des chéloniens.

LES CHÉLONIENS (ou les *tortues*) ont pour caractères des mâchoires sans dents, revêtues de
corne, et une carapace. Leur corps est enfermé
dans un double bouclier osseux, qui ne laisse
passer au dehors que leur tête, leur **cou,** leur

queue et leurs quatre pieds (fig. 54) ; c'est le bouclier supérieur qu'on nomme *carapace* ; l'inférieur se nomme *plastron*. Ces deux enveloppes osseuses sont immédiatement recouveites par la peau ou par des lames d'écaille. Les chéloniens sont très-vivaces ; il leur faut peu de nourriture,

Fig. 54. La tortue.

et ils peuvent passer des mois entiers et même des années sans manger. Ils se nourrissent, en général, de végétaux.

On divise les tortues en tortues de terre, tortues d'eau douce et tortues de mer. Les tortues de terre sont les véritables tortues ; elles ont la carapace bombée, les doigts courts, égaux, et réunis en moignon. L'espèce la plus commune en Europe est la *tortue grecque*, que l'on trouve en Grèce, en Italie et en Sardaigne. Elle se tient dans les lieux secs et sur les hauteurs ; elle mange des fruits, des insectes et des vers. Sa carapace est recouverte d'écailles noires et jaunes, marquées de stries. Parmi les tortues d'eau douce, qui ont les doigts plus ou moins distincts et palmés, on distingue les *émydes*, dont quelques-unes ont leur plastron divisé en deux battants par une articulation en charnière. Une des espèces les plus répandues est la bourbeuse, qui est brune, et vit dans les rivières et dans les marais. Elle s'enfonce pour passer l'hiver dans l'engourdissement. Cette tortue est commune dans tout le midi de la France. On la met dans les jardins pour détruire les vers et les insectes. Les tortues de mer ont les doigts très-allongés, aplatis et réunis en nageoires : on les nomme *chélonées*. Leur enveloppe est trop petite pour recevoir leur tête et surtout leurs pieds. Les principales espèces sont : la *tortue à cuir* de la Méditerranée ; c'est la plus grande de toutes. Sa longueur est de 2^m à $2^m,5$, et son poids est souvent de plus de 600 kilogrammes. — La *tortue franche*, dont la chair et les œufs sont très-estimés ; elle est presque aussi grande que la précédente. — Le *caret*, dont les écailles se recouvrent comme des tuiles ; c'est cette dernière espèce qui fournit l'écaille du commerce. On ramollit cette substance au point de pouvoir la mouler, en la faisant chauffer dans l'eau bouillante ou dans l'huile.

Ordre des sauriens.

Les SAURIENS (ou les *lézards*) ont le corps allongé, porté sur des jambes très-basses (le plus souvent au nombre de quatre, quelquefois de deux) ; la peau écailleuse ou chagrinée ; des ongles, des dents, des paupières, des mâchoires non dilatables, et une longue queue. Tous changent d'épiderme à chaque printemps ; ils se nourrissent de matières animales, et, comme les tortues, ils déposent leurs œufs dans la terre ou dans le sable. On a subdivisé cet ordre en six familles, qui sont celles des *crocodiliens*, des *lacertiens*, des *iguaniens*, des *geckotiens*, des *caméléons* et des *scincoïdiens*.

La première famille se compose d'animaux d'une grande stature, dont la queue est aplatie par les côtés, qui ont les pieds de derrière palmés, la tête plate, les mâchoires articulées tout à fait en arrière ; les narines ouvertes sur le bout du museau par deux fentes en croissant, que ferment des valvules ; le corps couvert de fortes écailles carrées, dont plusieurs ont des arêtes saillantes en dessus. Ils se tiennent dans les eaux douces, sont cruels et carnassiers, ne peuvent avaler dans l'eau, mais noient leur proie et la laissent putréfier avant de la manger. Les principaux genres sont : les *crocodiles* du Nil, à museau médiocre et à crête dentelée sur la queue, qui atteignent jusqu'à 8 mètres de lon- gueur ; les *gavials* ou crocodiles du Gange, qui ont le museau grêle et très-allongé ; les *caïmans* d'Amérique, qui ont le museau large et court.

La deuxième famille comprend des animaux

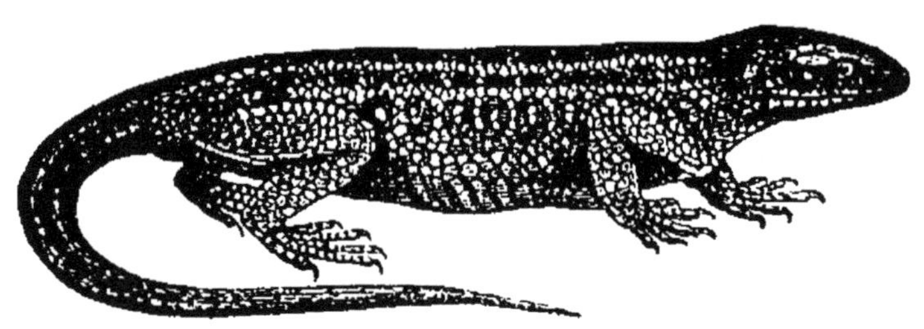

Fig. 55. Le lézard

qui ont cinq doigts à tous les pieds et une langue mince, extensible, terminée par deux longs filets comme celle des couleuvres et des vipères. Ils sont fort innocents et se font remarquer par leur agilité et leurs formes élégantes. On les subdivise en deux genres : les *monitors*, dont la queue est comprimée latéralement, et les *lé-*

zards (fig. 55), dont la queue est ronde et composée d'anneaux qui se détachent facilement ; la partie rompue remue longtemps après avoir été séparée du corps. Les principales espèces de ce second genre sont le *lézard vert* et le **lézard gris** des murailles.

A la troisième famille appartiennent les *iguanes* de l'Amérique méridionale, qui ont une crête sur le dos et un goître sous la gorge ; les *basilics* d'Amboine et de Java, qui ont une sorte de nageoire verticale sur la queue ; les *dragons*, qui ont des espèces d'ailes formées par des prolongements de la peau. Les dragons sont des êtres faibles, de petite taille, et tout à fait innocents.

Les *caméléons*, qui composent l'une des dernières familles, sont de petits sauriens dont la tête est anguleuse, le corps comprimé et terminé par une queue prenante recourbée en dessous, et dont les doigts sont réunis en deux faisceaux opposés, comme dans les oiseaux grimpeurs. Ils peuvent changer de couleurs selon leurs passions ou leurs besoins. Ils vivent de mouches, qu'ils attrapent en dardant subitement sur elles une langue gluante.

Ordre des ophidiens.

Les OPHIDIENS (ou les *serpents*) sont tous les reptiles sans pieds, dont le corps très-allongé se meut au moyen des replis qu'il fait sur le sol (fig. 56). La plupart ont des yeux sans paupières, fixes et menaçants, la gueule très-fendue et susceptible d'une grande dilatation. Ils ont

Fig. 56. La vipère

des dents aiguës destinées à retenir leur proie vivante, ou bien des crochets à venin. Tous changent d'épiderme au moins une fois par an. Leur voix est une sorte de sifflement lent et sourd. Ils se nourrissent de substances animales et digèrent fort lentement. Ils habitent, en général, les lieux obscurs, humides et chauds. Il en est de terrestres et d'aquatiques; plusieurs sont exclusivement marins. On les divise en trois familles. Nous ne parlerons ici que des deux premières.

La première est celle des *anguis*. Ce sont, pour ainsi dire, des sauriens dépourvus de pattes. Ils ont le dessus et le dessous du corps également écailleux, et leurs écailles sont imbriquées. Le principal genre de cette famille se compose des *orvets*, animaux faibles et innocents, qui se nourrissent d'insectes et de vers. Lorsqu'on les prend avec la main, ils se roidissent avec tant de force que souvent ils se cassent, ce qui les a fait appeler *serpents de verre*.

La deuxième famille est celle des *vrais serpents*, ou des genres sans sternum ni vestiges d'épaule. Elle se divise en deux tribus : celle des *doubles marcheurs*, dont les mâchoires ne sont pas dilatables et dont la tête est tout d'une venue avec le reste du corps, forme qui leur permet de marcher également bien en avant et en arrière (tels sont les amphisbènes) ; et la tribu des *serpents proprement dits*, dont les mâchoires sont dilatables, et qui ont sous le ventre ou sous la queue des écailles beaucoup plus grandes que les autres, et qu'on nomme plaques. Cette seconde tribu se subdivise, d'après l'absence ou la présence des dents venimeuses, en serpents non venimeux et en ser-

pents venimeux. Les serpents non venimeux
constituent deux genres principaux : les *boas*,
qui ont au-dessous de la queue des plaques simples, et les *couleuvres*, qui ont des plaques rangées par paires. Ces serpents ne sont redoutables que par leur force et leur agilité. Les
plus grandes espèces appartiennent à ces deux
genres. On distingue parmi les boas, le *devin*
et l'*anacondo*, qui habitent les contrées chaudes
de l'Amérique du Sud. Ces serpents parviennent à plus de 15 mètres de long. Ils se nourrissent de quadrupèdes qu'ils avalent après les
avoir étouffés, et leur avoir brisé les os en les
serrant dans leurs replis tortueux. A l'aide de
ce broiement préalable et de l'énorme distension
que peuvent prendre leurs mâchoires, ils avalent des gazelles, des chèvres, des biches. Mais
cette déglutition est lente et pénible, et ils passent ensuite le temps de la digestion dans une
torpeur singulière. Parmi les couleuvres, on
distingue le *python* de Java, qui est comparable
aux boas pour la taille et pour la force; et les
couleuvres proprement dites, dont la taille ne
dépasse pas la moyenne, et qui ont toujours les
écailles du dessous de la tête autrement figurées
que celles du dos. On en connaît plus de deux
cents espèces, qui se font remarquer par l'élégance de leurs formes et la vivacité de leurs

couleurs. Ce sont des serpents très-innocents, d'un naturel très-doux et susceptibles d'être apprivoisés. Ils se nourrissent de grenouilles, d'insectes, d'œufs et même de petits oiseaux. Une des principales espèces est la *couleuvre à collier*, qui est très-commune dans nos climats, et que l'on mange en quelques endroits sous le nom d'*anguille de haie*.

Les serpents venimeux se subdivisent en venimeux à plusieurs dents maxillaires, comme les *serpents d'eau*, et en venimeux à crochets isolés. Ceux-ci sont les serpents venimeux par excellence. Le bord extérieur de leur mâchoire d'en haut n'est pas garni de dents ; il ne porte que deux crochets aigus en forme d'épines recourbées, et percés d'un petit canal qui verse le venin dans la morsure : l'animal peut à volonté les redresser ou les cacher dans la gencive. Les serpents venimeux ont, en outre, comme tous les ophidiens, une double rangée de petites dents dans le palais. Ils ont généralement la tête large en arrière. Il en existe deux grands genres : les *crotales* et les *vipères*. Les crotales ou serpents à sonnettes se distinguent par des grelots ou cornets écailleux, enfilés les uns dans les autres, qu'ils portent au bout de leur queue, et qui résonnent quand l'animal fait un mouvement ; ils habitent les contrées chaudes de l'Amérique du Sud. Les vipères ne diffèrent des couleuvres que par leurs crochets à venin. On en connaît plus de trente espèces, parmi lesquelles nous citerons le *fer-de-lance* des Antilles; la vipère *haje* d'Égypte (l'aspic des anciens), que l'on peut rendre immobile et roide comme un bâton en lui pressant la nuque avec le doigt; la vipère commune (fig. 56, p. 189), que l'on reconnaît à sa tête triangulaire, couverte de petites écailles, à sa couleur brune ou verdâtre en dessus, et ardoisée sous le ventre, avec une ligne noire en zigzag sur le dos et une rangée de taches noires de chaque côté.

Ordre des batraciens.

LES BATRACIENS sont des reptiles à peau nue et à métamorphoses, qui ont des branchies dans le jeune âge, et dans l'âge adulte des pieds à doigts distincts et sans ongles. Ils pondent des œufs en chapelets, qui sont mous et s'enflent beaucoup dans l'eau; il en sort des petits qui ont d'abord la forme de poissons, ayant des branchies, une longue queue et aucun membre apparent. Ces petits êtres se nomment *têtards*, parce qu'ils paraissent avoir une tête très-grosse; ils vivent comme les poissons, dans l'eau, et respirent uniquement par des branchies pendant un temps assez long, après lequel ils prennent la forme de leurs parents. Parvenus à leur état parfait, ils vivent dans des lieux humides, ou même dans l'eau ; quelques-uns se tiennent sur des arbres. Tous se nourrissent

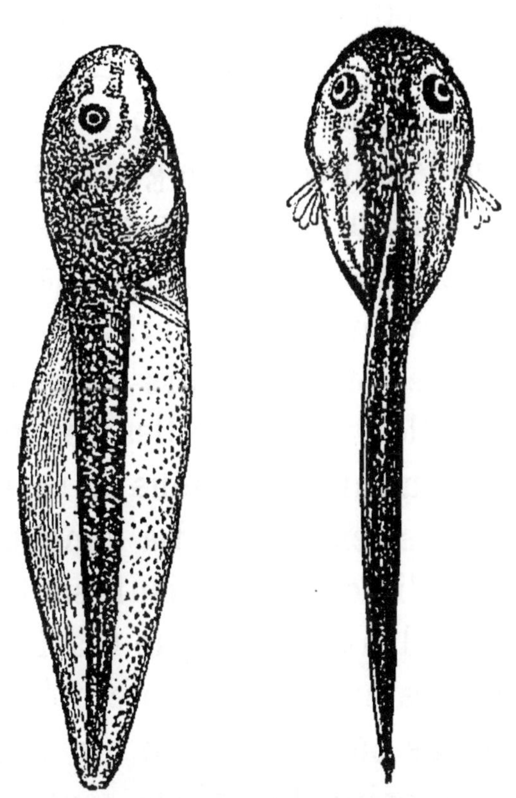

Fig. 57. Têtards.

d'animaux vivants, d'insectes, de vers, de petits poissons. On les divise en deux familles, dont chacune comprend plusieurs genres. Ceux de la première n'ont point de queue, ceux de la seconde en ont une.

La première famille comprend les grenouilles, les rainettes, les crapauds et les pipas. Les *grenouilles* ont le ventre effilé, les pieds de derrière très-allongés et palmés ; ce sont des animaux timides, dont la vie est très-dure. Ils s'enfoncent dans la vase pendant l'hiver. Les *raines* ou rainettes ne diffèrent des grenouilles que parce que l'extrémité de chacun de leurs doigts est élargie en une sorte de pelote visqueuse, qui leur permet de grimper sur les arbres et de se tenir sur les corps les plus lisses. Les *crapauds* ont deux grosses glandes sur le cou, le corps ventru et couvert de pustules d'où sort une humeur fétide. Leurs pattes de derrière sont moins allongées que celles des grenouilles. Ce sont les plus hideux de tous les reptiles, mais ils ne sont pas venimeux. La femelle est d'une fécondité prodigieuse : ses œufs sont réunis par une gelée en deux cordons de 6 à 10 mètres de longueur. Les crapauds renfermés longtemps dans les trous où ils n'ont ni air ni nourriture ne périssent point. Les *pipas* sont des espèces de crapauds célèbres par la manière dont ils élèvent leurs petits. Lorsque les œufs sont pondus et fécondés, le mâle les place sur le dos de la femelle, qui se rend aussitôt à l'eau. La peau de son dos se gonfle et forme des cellules dans lesquelles ces œufs éclosent. Les petits y passent leur état de têtards, et n'en sortent qu'après avoir acquis des pattes et perdu leur queue.

A .a seconde famille appartiennent les salamandres et les tritons. Les *salamandres* ont les caractères des batraciens, avec la forme générale des lézards. Elles ont dans l'âge adulte une longue queue ronde et quatre pieds, et dans le premier âge des branchies qui flottent librement sur leur cou. La salamandre terrestre est toute noire, à grandes taches d'un jaune vif; sur les côtés, sont deux rangées de verrues d'où suinte une liqueur laiteuse; c'est peut-être ce qui a donné lieu à la fable que la salamandre peut vivre dans le feu. Les *tritons*, ou salamandres aquatiques, ont la queue comprimée verticalement; ils sont célèbres par leur force étonnante de reproduction. Ils repoussent plusieurs fois de suite le même membre quand on le leur coupe. Enveloppés par la glace, ils ne périssent point.

CLASSE DES POISSONS.

Les poissons sont des animaux ovipares, à peau nue ou écailleuse, à sang rouge et froid, pourvus de nageoires et respirant par des branchies. On nomme ainsi les organes en forme de peignes, qui sont disposés aux deux côtés du cou, et sur lesquels viennent se ramifier les vaisseaux sanguins. L'eau que le poisson avale vient glisser, et, en quelque sorte, se tamiser entre les filaments qui les composent, et sort par une ouverture extérieure, nommée *ouïe*. Il y a ordinairement de chaque côté quatre branchies, entre lesquelles est un passage libre pour l'eau. L'ouverture par laquelle l'eau s'échappe est souvent recouverte d'un opercule osseux, qui peut s'ouvrir ou se fermer par le moyen d'une membrane plissée comme le cuir d'un soufflet, et qu'on nomme la membrane des ouïes. Les poissons ont un cœur et un seul ventricule, placé à l'origine de l'artère branchiale, et qui envoie la totalité du sang à l'organe respiratoire. Ils ont les deux mâchoires mobiles, et la queue terminée par une nageoire verticale. Étant dépourvus de trachée et de larynx, ils n'ont pas de voix. Un grand nombre d'espèces portent dans l'abdomen, au-dessous de l'épine, une vessie pleine d'air, appelée *vessie natatoire*, qui sert à les faire monter ou descendre dans l'eau par les divers degrés de dilatation ou de compression dont elle est susceptible.

Les membres ne se divisent plus en quatre parties comme dans les classes précédentes ; ils sont réduits à des nageoires membraneuses soutenues par des osselets disposés en éventail, qu'on appelle *rayons*. Ces rayons sont tantôt d'une seule pièce osseuse et pointue (*rayons épineux*), tantôt composés d'un grand nombre de petites pièces articulées (*rayons mous*). Les deux nageoires qui représentent les bras se nomment nageoires *pectorales*; celles qui représentent les pieds se nomment *ventrales*. La position relative de ces deux paires de nageoires peut varier beaucoup. Un certain nombre de poissons ont les ventrales adhérentes à l'épaule, et situées au-dessous des pectorales, ou même en avant sous la gorge; on les nomme, à cause de cela, *poissons subbrachiens*; les autres les ont en arrière des pectorales vers la queue : ce sont les *poissons abdominaux*. Il est des poissons qui sont privés de nageoires ventrales (*poissons apodes*); il en est enfin qui manquent tout à fait de membres. Outre les nageoires qui remplacent les membres et qui sont toujours paires, il y a encore des nageoires impaires, l'une à l'extrémité de la queue (nageoire caudale), les autres placées sur le dos (nageoires dorsales), ou sous la queue près de l'anus (nageoire anale). Ces nageoires, en se dressant ou en s'abaissant, étendent ou rétrécissent, au gré du poisson, la surface qui choque l'eau. Elles sont aussi soutenues par des rayons ou osselets grêles ; ces rayons, et les côtes qui sont pareillement longues et amincies, sont ce que l'on désigne communément par le nom d'*arêtes*. Les poissons sont dits *malacoptérygiens* quand leurs dorsales n'ont que des rayons mous, et *acanthoptérygiens* quand les premiers rayons de leurs dorsales sont épineux.

Les poissons pondent des œufs sans coquille, ordinairement fécondés après la ponte, et qui éprouvent des changements à l'extérieur, tandis que le petit qui en sort ne change pas. Ils sont remarquables par leur fécondité : on a compté dans un hareng près de 50 000 œufs, dans une tanche près de 400 000, dans une morue plus d'un million. Presque tous les poissons se nourrissent de poissons plus petits ou d'autres animaux aquatiques. Ils ne sont doués que d'une sensibilité peu profonde ; un instinct particulier règle les migrations de ceux qui, à certaines époques, entreprennent de longs voyages et passent d'une mer dans une autre. Ils se meuvent avec une inconcevable rapidité. Un saumon, par exemple, peut parcourir 8 mètres par seconde (environ 8 lieues en une heure), ce qui lui permettrait de faire en quelques semaines le tour du monde entier. Presque tous les poissons ont sous la peau, de chaque côté du corps, une série de très-petites glandes qui forment à la surface ce que l'on appelle la *ligne latérale*.

Les poissons se partagent en deux séries principales, d'après la nature de leur squelette. La première est celle des POISSONS OSSEUX, ou poissons proprement dits, pourvus d'arêtes osseuses; la seconde est celle des POISSONS CARTILAGINEUX, qui n'ont pas de véritables os, mais de simples cartilages. Chacune de ces séries se subdivise en ordres et en familles, d'après des caractères distinctifs tirés de la nature et de la position des nageoires, ou de la nature des branchies et de l'appareil qui les recouvre.

Des poissons osseux.

Les poissons osseux se subdivisent en six ordres : les *acanthoptérygiens*, les *malacoptérygiens abdominaux*, les *malacoptérygiens subbrachiens*, les *malacoptérygiens apodes*, les *lophobranches* et les *plectognathes*.

Le premier ordre comprend les poissons qui ont la nageoire dorsale épineuse au moins en partie; c'est le plus nombreux de tous. Ils se subdivise en sept familles. La première famille est celle des poissons dont le corps, long et plat, ressemble à un ruban, et est garni d'une nageoire qui règne tout le long du dos (exemple : les *rubans*). — La seconde famille se reconnaît à ses épines dorsales grêles et flexibles : elle ne renferme guère que de petits poissons, qui se tiennent entre les roches des rivages, où ils peuvent quelque temps se passer d'eau (exemple : les *gobies*). — La troisième famille comprend plusieurs genres à corps oblong et écailleux, et d'un aspect facile à reconnaître (exemple : les *labres*). — La quatrième famille a pour caractères des écailles généralement grandes sur tout le

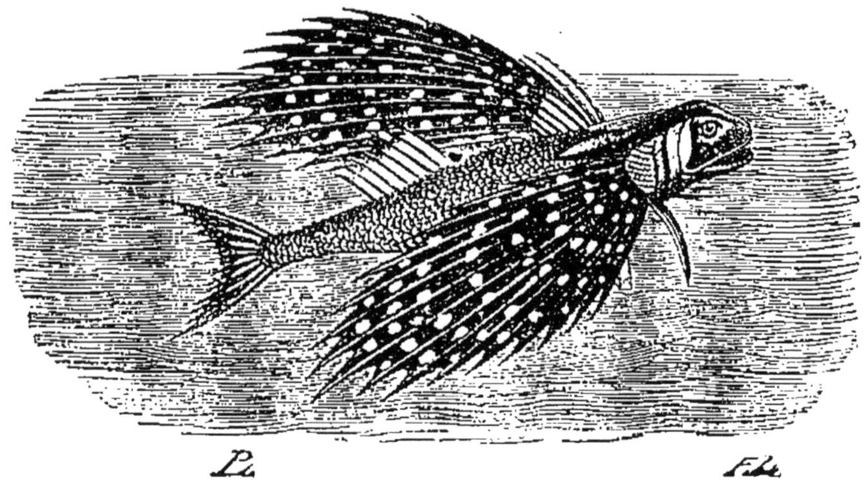

Fig. 58. Trigle ou poisson volant.

corps, et la possibilité de replier et de cacher la partie épineuse de la dorsale entre les écailles qui bordent les côtés de sa base (exemple : les *perches*, les *surmulets*, les *trigles*, les *baudroies*). Une espèce du genre *trigle* (l'hirondelle de mer) peut voler à cause de l'étendue de ses pectorales. Les baudroies se nomment *raies pêcheresses*, parce qu'elles ont sur la tête des filets mobiles et fort longs, dont elles se servent pour pêcher. — La cinquième famille comprend un grand nombre de genres à petites écailles et à queue carénée latéralement (exemple : les *scombres*, dont font partie les thons et les maquereaux; les *épinoches*, les *espadons*, ainsi nommés à cause de leur museau semblable à une lame d'épée). — La sixième famille se compose de poissons qui ont la plus grande partie de leurs nageoires dorsale et anale recouverte d'écailles (exemple : les *chétodons* ou *bandoulières*). — La dernière famille est celle des poissons qui ont la bouche à l'extrémité d'un long tube formé par le prolongement du museau (exemple : les *fistulaires* et les *bécasses de mer*).

Le second ordre comprend les poissons à rayons mous, qui ont les ventrales situées vers la queue. Il contient la plupart des poissons d'eau douce. A cet ordre appartiennent les *saumons* ou les truites, et les éperlans; les *harengs*, les sardines, les aloses, les anchois; les *brochets*, les exocets ou poissons volants ; la *carpe* (fig. 59), le barbeau, la tanche, le goujon, la dorade de la Chine, petit poisson d'un rouge doré, qui fait l'ornement de nos bassins; les loches, les *silures*, dont quelques espèces donnent des commotions électriques comme la torpille.

Le troisième ordre renferme les genres à

rayons mous, qui ont les ventrales sous l'épaule.
Tels sont les *gades*, dont font partie la morue
et le merlan ; les *pleuronectes*, ou poissons plats
à corps comprimé et non symétrique, les deux
yeux et les narines étant du même côté de la
tête (exemple : le *turbot*, la *limande*, la *sole*).

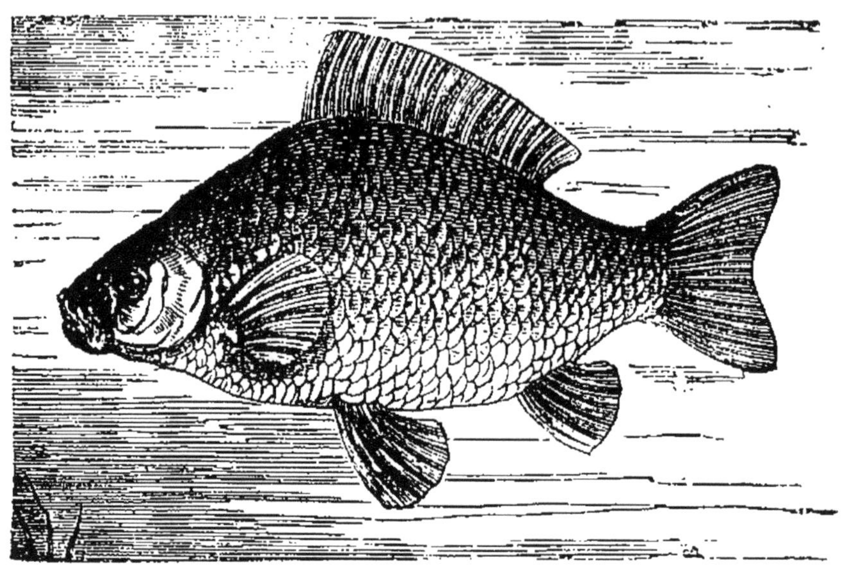
Fig. 59. La carpe.

Le quatrième ordre ne comprend qu'une famille, celle des anguilliformes, poissons qui ont
tous une forme allongée comme les serpents,
une peau à écailles presque imperceptibles, et
qui manquent de nageoires ventrales (exemple :
les *anguilles*, les *murènes*, les *gymnotes*, dont
une espèce donne des commotions électriques

si violentes, qu'elle abat les hommes et les chevaux).

Le cinquième ordre, celui des lophobranches,
se distingue par ses branchies, qui, au lieu d'a-
voir la forme de dents de peigne, ont celle de
petites houppes. Ces poissons se reconnaissent
en outre à leur corps cuirassé par des écussons
qui le rendent anguleux ; ils sont de petite taille.
Tels sont les hippocampes, petits poissons de la
Méditerranée, qui se recourbent, en mourant,
comme une S, et dont la partie supérieure a alors
quelque ressemblance avec l'encolure d'un cheval ; les pégases, poissons de la mer des Indes,
qui doivent leur nom à la forme de leurs nageoires pectorales, qui sont larges et étalées en
éventail.

Les poissons du dernier ordre, les *plectognathes*, se rapprochent des poissons cartilagineux
par le durcissement tardif du squelette et par
l'imperfection de leurs mâchoires ; leur caractère
consiste en ce que les os maxillaires et ceux de
l'arcade palatine sont soudés avec le crâne et,
par conséquent, incapables de mouvement, tandis que, dans les ordres précédents, ces deux
sortes d'os jouissaient chacune d'une mobilité
distincte. Tels sont les diodons ou hérissons de
mer, qui ont la faculté de se gonfler et de flot-
ter sous la forme de boules hérissées d'épines ;

les tétrodons ou boursouflus, dont le corps est couvert d'épines moins saillantes ; les môles ou poissons-lunes, dont le corps est comprimé et sans épines : les coffres, qui ont la tête et le corps entièrement enveloppés dans une cuirasse osseuse d'une seule pièce, et dont la queue seule est libre et mobile.

Des poissons cartilagineux.

Les poissons cartilagineux ont des mâchoires incomplètes où les os palatins remplacent les maxillaires supérieurs ; ils se partagent en deux ordres, selon qu'ils ont les branchies libres par leur bord externe, et ouvertes par une fente garnie d'un opercule, ou bien des branchies fixées de ce côté à la peau, et ouvertes par plusieurs trous percés dans cette peau. L'ordre des cartilagineux à branchies libres ne comprend que deux genres, dont le principal est celui des esturgeons, poissons dont la forme générale est celle des squales, mais qui n'ont pas de dents, et dont le corps est plus ou moins garni d'écussons osseux implantés sur la peau en rangées longitudinales ; ils remontent de la mer dans certaines rivières. On fait avec leurs œufs le caviar, aliment recherché dans quelques pays, et de leur vessie natatoire la colle de poisson.

Les cartilagineux à branchies fixes comprennent deux familles : les *sélaciens*, qui ont la bouche transverse sous le museau, et les *suceurs*, qui ont la bouche ronde au bout du museau. Les principaux genres des sélaciens sont les *squales* et les *raies*. Le genre *squale* renferme les plus gros poissons connus (fig. 60). On leur donne ordinairement le nom de *chiens de mer*, *de requins*. Leur peau, hérissée d'aspérités très-

Fig. 60. Le requin.

dures, est employée à polir diverses matières. C'est elle qui fournit le *chagrin* dont on revêt les boîtes et les gaînes. Les principales espèces de ce genre sont le requin proprement dit, si célèbre par sa voracité ; le marteau, dont la tête est placée en travers de la direction du corps ; et la scie, remarquable par son museau osseux, long, aplati et denté sur les côtés, avec lequel elle attaque les plus gros cétacés. Les requins atteignent jusqu'à 8 mètres de longueur. Ils se reconnaissent à leurs dents en triangle, qui les rendent l'effroi des navigateurs, et à leur corps arrondi terminé par une queue dont la grosseur diminue insensiblement. Les raies ont le corps plat et semblable à un disque, terminé par une queue grêle, forme qui leur vient de la grandeur énorme de leurs nageoires pectorales ou ailes, soutenues par des rayons articulés, et à l'aide desquelles elles volent pour ainsi dire dans l'eau, c'est-à-dire s'élèvent en frappant le liquide de haut en bas. A ce genre appartiennent la torpille, poisson célèbre par la propriété de donner des commotions électriques aux animaux qui la touchent, et la pastenague, dont la queue est armée en dessus d'un long aiguillon denté en scie.

Parmi les suceurs sont les lamproies, poissons apodes ou sans nageoires proprement dites, à peau lisse, à corps cylindrique et allongé, ayant la faculté de s'attacher fortement à divers corps en appliquant sur eux leur bouche charnue et retirant leur langue, qui se meut comme un piston. Ces animaux, en se fixant sur d'autres poissons, parviennent à les percer et à les dévorer à l'aide de leurs dents pointues, placées au fond de leur bouche.

ANIMAUX MOLLUSQUES.

Les animaux mollusques n'ont point de squelette ni de membres articulés; leur corps est
entièrement mou, quelquefois nu, et le plus souvent recouvert par une sorte de test ou d'étui
pierreux qu'on nomme *coquille*. Ils ont le sang
blanc et sont pourvus d'un cœur musculaire,
d'artères et de veines. Ils ont une respiration
aquatique ou aérienne, des organes des sens
généralement incomplets, un système nerveux
composé de nerfs et de ganglions, dont un occupe la place ordinaire du cerveau chez les vertébrés, et les autres sont épars sur les côtés du
corps. Leur peau, qui est très-molle, est toujours humide et visqueuse; elle est pourvue d'organes qui peuvent s'allonger plus ou moins pour
mieux palper, et qui sont de simples prolongements de cette peau : on les nomme *tentacules*.

Tous les points de la peau des mollusques sont
susceptibles de se contracter en tous sens; mais
il y a de véritables muscles attachés à la face interne de cette peau ou à la coquille, et ce sont
eux qui déterminent la locomotion générale.

L'épaisseur de la peau et de la couche musculaire qui la double est quelquefois plus considérable à la partie inférieure du corps, et il en résulte une sorte de disque musculaire à l'aide duquel l'animal rampe, et que l'on nomme son *pied*. En outre, chez la plupart des mollusques, la peau est plus développée qu'il ne serait rigoureusement nécessaire pour entourer seulement le corps de l'animal ; elle forme des replis qui l'enveloppent à la manière d'un manteau : aussi donne-t-on ce nom à cette expansion extraordinaire de la peau des mollusques. Un caractère remarquable que présente encore la peau d'un grand nombre de ces animaux, c'est la propriété qu'elle a de suer, pour ainsi dire, de la matière calcaire, mêlée de matière muqueuse, laquelle se dépose par couches sous l'épiderme, comme la substance des ongles, des cornes et des dents chez les vertébrés. Ces couches s'accroissent en étendue en se superposant, parce que les couches récentes débordent toujours les anciennes. Lorsqu'elles se sont ainsi accumulées et solidifiées par leur desséchement, elles constituent une sorte d'étui, un corps protecteur d'une ou de plusieurs pièces, sous lequel l'animal peut abriter tout son corps, ou du moins ses organes les plus importants : c'est la coquille. La grandeur et la forme du manteau,

et par suite celle de la coquille, varient beau
coup selon les genres et les espèces.

On nomme *mollusques nus* ceux dont le manteau est simplement membraneux, sans aucune
partie dure; et *mollusques testacés* ceux dont le
manteau produit une coquille. Cette coquille
reste quelquefois cachée dans l'épaisseur du
manteau, et se nomme alors *coquille intérieure*;
mais le plus souvent elle est extérieure et vi-
sible, et prend une grosseur et un développement tels que l'animal peut se contracter en
tout ou en partie sous son abri : dans ce cas, il
lui est attaché par des muscles qui servent à le
retirer dedans ou à rapprocher les pièces (ou
valves) l'une de l'autre. Les variétés de forme,
de couleur, de surface et d'éclat des coquilles
sont infinies; sous le rapport du nombre des
pièces composantes, on distingue des *coquilles
multivalves*, formées de plus de deux pièces
soudées entre elles ou simplement rapprochées
et maintenues par le manteau; des *coquilles bivalves*, formées de deux valves articulées à charnière, comme celles de l'huître; et des *coquilles
univalves*, composées d'une seule pièce, comme
celle de l'escargot. Ces dernières sont de forme
tubuleuse, et le plus souvent contournées sur
elles-mêmes en spirale; elles sont quelquefois
pourvues d'une pièce accessoire, nommée *oper-*

cule, qui sert à clore la bouche ou l'ouverture de la coquille, quand l'animal y est rentré.

Les mollusques, soit nus, soit testacés, peuvent être divisés en six classes, d'après la forme générale de leur corps et de leurs organes de locomotion. Ce sont les *céphalopodes*, les *gastéropodes*, les *ptéropodes*, les *brachiopodes*, les *acéphales* et les *cirrhopodes*.

CLASSE DES CÉPHALOPODES.

Ces mollusques ont le corps en forme de sac d'où sort une tête couronnée de longs tentacules qui leur servent de pieds ou de bras, et avec lesquels ils marchent ou saisissent les objets (fig. 61). Ces tentacules sont garnis de suçoirs, espèces de ventouses au moyen desquelles l'animal se fixe où il veut. Il nage la tête en arrière, et marche dans toutes les directions, ayant la tête en bas et le corps en haut. En avant du cou est un tube qui donne passage aux excrétions. Parmi celles-ci, il en est une particulière, d'un noir foncé, qu'il emploie à teindre l'eau de la mer, pour en troubler la transparence et se soustraire à la poursuite de ses ennemis. L'encre de Chine provient d'une liqueur de cette espèce. Plusieurs de ces mollusques n'ont pas de coquille extérieure : les autres en ont une dont la cavité est ou simple ou divisée par des cloisons en plusieurs chambres, dont l'animal ne remplit que la dernière. Nous citerons seulement quelques-uns des genres principaux.

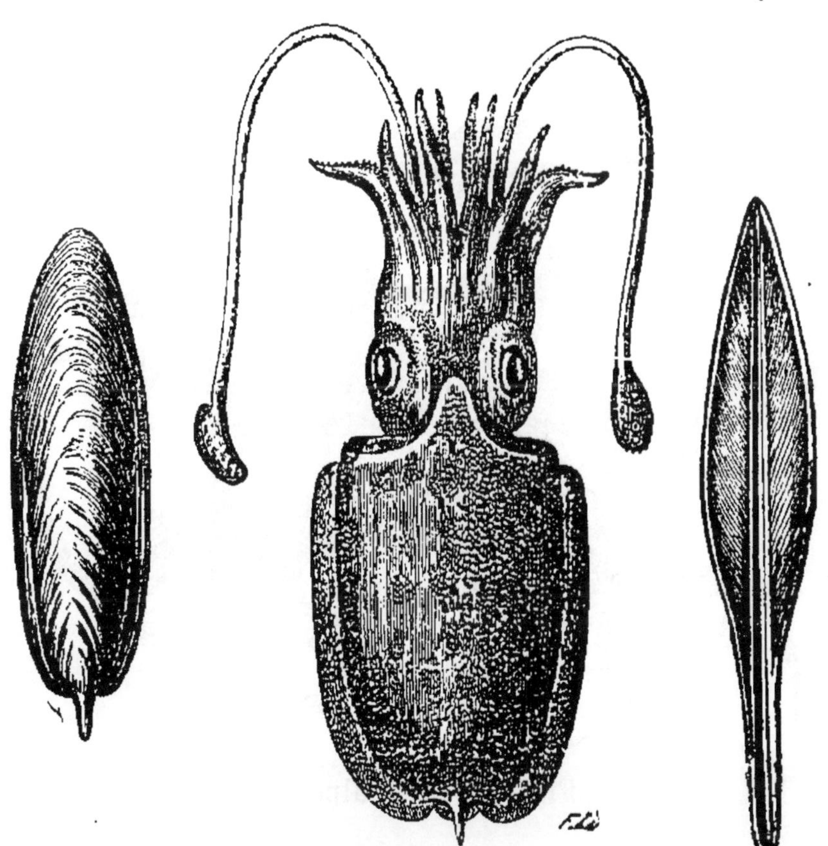

Fig. 61. La sèche et os de sèche.

Les *sèches* ont le corps contenu dans un sac bordé dans toute sa longueur par une nageoire étroite et renfermant dans le dos une coquille ovale nommée *os de sèche*. Leur bouche est en-

.ourée de dix bras, dont deux sont plus longs
que les autres, et n'ont de suçoirs qu'à leur
extrémité ; elle est, en outre, armée d'une paire
de mâchoires très-fortes, semblables à un bec
de perroquet. Leurs organes de respiration sont
des branchies cachées dans le sac. Leurs œufs

Fig. 62. Le poulpe.

sont attachés en grappes rameuses, qu'on
nomme vulgairement *raisins de mer*. L'encre de
sèche s'emploie en peinture sous le nom de *sé-
pia ;* et l'on donne la coquille aux petits serins
pour leur aiguiser le bec. Les sèches sont répandues dans toutes nos mers.

Les *poulpes* (fig. 62, p. 213) sont dépourvus d'osselet dorsal; leur bouche n'est entourée que de huit tentacules à peu près égaux. Dans certaines espèces, la paire supérieure est bordée vers son extrémité par une membrane en forme d'aile ou de voile. On trouve souvent ces dernières dans des coquilles appartenant au genre *argonaute*, et dont elles se sont emparées. Ces coquilles sont très-minces, non cloisonnées, et ont la forme d'une chaloupe. L'animal s'y place comme dans une nacelle pour voguer à la surface de l'eau, en relevant ceux de ses bras dont les extrémités sont élargies en voiles, et en abaissant les autres pour s'en servir comme de rames

Les *nautiles* sont des animaux semblables aux poulpes qui ont une coquille enroulée et cloisonnée dont les tours de spire sont tous dans le même plan, les derniers enveloppant les précédents. Les cloisons sont toutes traversées en leur milieu par un siphon dans lequel est logé l'appendice charnu qui retient l'animal.

A la classe des céphalopodes ont appartenu plusieurs genres de mollusques que l'on ne connaît plus vivants aujourd'hui, mais dont les coquilles se sont conservées à l'état fossile, c'est-à-dire qu'on les trouve enfouies dans les couches de la terre. Telles sont entre autres les *orthocératites*, qui sont en quelque sorte des nautiles droits ; les *bélemnites*, connues vulgairement sous le nom de *pierre de foudre*, et qui sont pour ainsi dire des orthocératites enveloppées d'une gaîne que termine un cône solide

Fig. 63. Ammonite restaurée.

plus ou moins allongé ; les *ammonites*, ou cornes d'Ammon, coquilles cloisonnées et enroulées sur le même plan, de manière que tous les tours sont visibles, les cloisons étant sinueuses et découpées sur les bords ; les *nummulites*, coquilles lenticulaires, ressemblant à des pièces de monnaie, composées d'un très-grand nombre de tours de spire très-serrés et divisés par une multitude de cloisons simples, le dernier tour enveloppant entièrement tous les autres.

CLASSE DES GASTÉROPODES.

Cette classe comprend un très-grand nombre de mollusques dont on peut se faire une idée par la limace et le colimaçon. Ils rampent sur un pied fait en forme de disque charnu et placé sous le ventre. Ils ont une tête plus ou moins distincte, portant ordinairement une ou plusieurs paires de petits tentacules, très-mobiles et doués d'une grande sensibilité ; des yeux diversement situés sur ou près de ces tentacules ; des branchies ou des poumons très-variables dans leur forme et dans leur position. Plusieurs sont nus, mais la plupart ont une coquille qui est presque toujours d'une seule pièce. Il y a quelques mollusques terrestres dans cette classe, mais le plus grand nombre est aquatique. Quelques-uns, parmi les derniers, ont des branchies visibles au dehors, et disposées en forme de lames ou de panaches. Mais le plus grand nombre des gastéropodes ont des branchies intérieures qui communiquent au dehors soit par un tube contractile, soit par un simple trou.

Les gastéropodes à branchies internes et munis d'un tube respiratoire sont tous des espèces marines testacées, que l'on reconnaît à leur coquille, dont la bouche offre toujours un canal ou au moins une échancrure à sa base pour laisser passer le tube. Tels sont ceux dont les

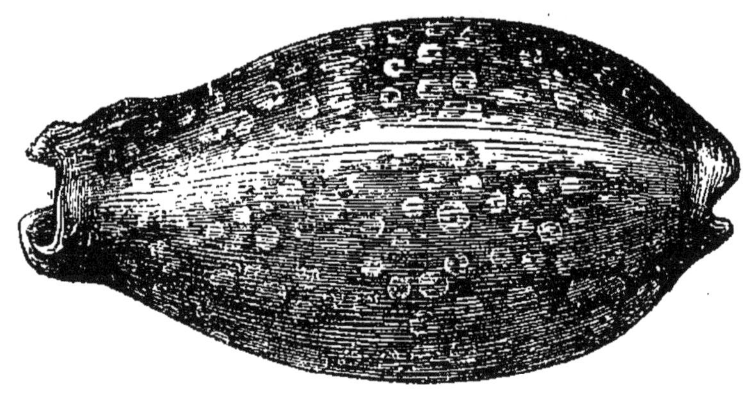

Fig. 64. Porcelaine.

coquilles, si répandues dans les cabinets des curieux, sont connues sous les noms de *strombes*, *rochers*, *harpes*, *tonnes*, *pourpres*, *volutes*, *cônes*, *olives*, *porcelaines*, etc. La plupart de ces coquilles sont d'une forme agréable et de couleurs variées. L'animal des pourpres et de quelques-uns des genres précédents rejette par son tube une humeur colorante qu'on nomme *pourpre*, et qui éprouve des variations de teinte par l'exposition à l'air et à la lumière. La pourpre des anciens, qui était une sécrétion de ce genre, paraît avoir appartenu à une espèce du genre rocher. L'animal des porcelaines a un manteau assez vaste pour pouvoir se retrousser autour de la coquille, et l'envelopper tout entière : ce sont ces replis du manteau qui produisent le renflement des lèvres de la coquille, et qui augmentent l'épaisseur de celle-ci, en la revêtant par dehors d'une nouvelle couche d'une autre couleur.

Parmi les gastéropodes qui respirent l'air au

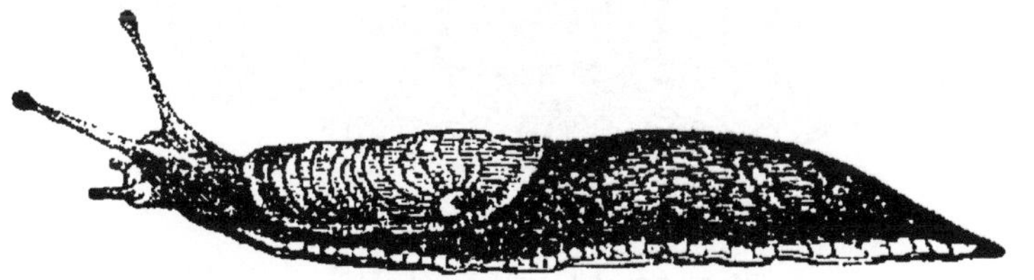

Fig. 65. La limace.

moyen d'un simple trou, les uns sont nus ou sans coquille, les autres ont une coquille uni-valve, spirée, à bouche entière, sans échancrure ni canal à sa base. Nous citerons parmi les genres nus les *limaces* (fig. 65), que tout le monde connaît, qui se traînent dans les lieux humides, laissant derrière elles des traces d'une humeur glaireuse ; leur dos est garni d'une sorte de bouclier coriace et ridé ; elles ont sur la tête quatre tentacules, dont les deux plus longs portent les yeux. Les genres testacés sont, les uns marins, les autres fluviatiles ou d'eau douce, et quelques-uns terrestres. Les coquilles marines sont généralement beaucoup plus épaisses et plus fréquemment chargées de bourrelets et d'épines que les coquilles fluviatiles et terrestres. Nous citerons parmi les premières les

Fig. 66. L'escargot.

toupies et les *turbos;* parmi les testacés fluviatiles, les *limnées*, abondamment répandues dans nos étangs, et qui ont des coquilles minces, ovales et à spire pointue; les *planorbes*, mollusques très-abondants aussi dans nos eaux douces, et dont les coquilles sont enroulées dans le même plan. Enfin, parmi les testacés à coquilles terrestres, nous nous bornerons à citer les *hélices* et les *escargots* (vulgairement colimaçons), si communs dans nos jardins, dont la coquille est globuleuse, à bouche plus larges que longue et en forme de croissant (fig. 66).

CLASSE DES PTÉROPODES.

Cette classe ne comprend que quelques genres de petits mollusques marins, qui nagent comme les céphalopodes, mais qui ne peuvent

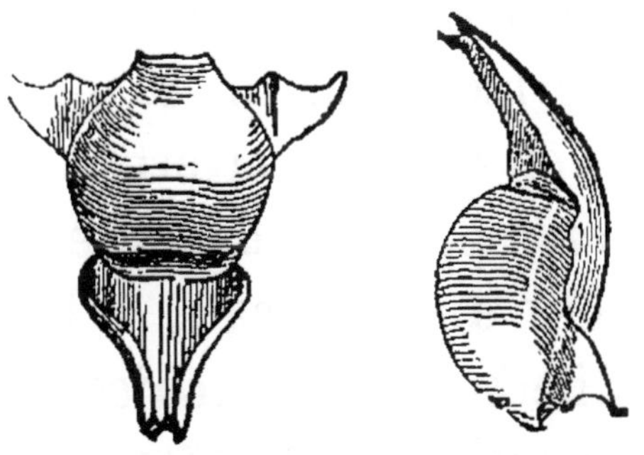

Fig. 67. hyales.

se fixer ni ramper, faute de pieds. Leurs organes de mouvements ne consistent qu'en nageoires placées comme des ailes aux deux côtés de la bouche. Ils sont nus, ou revêtus d'une coquille univalve, mince et transparente (exemple : les *clios* et les *hyales*.)

CLASSE DES BRACHIOPODES.

Les brachiopodes sont des mollusques qui, au lieu de pieds, ont près de la bouche deux bras charnus, garnis de cils, qu'ils peuvent faire sortir pour saisir les objets, et qu'ils roulent en spirale lorsqu'ils les retirent. Ils n'ont point d'yeux, point de tête distincte du reste du corps. Ils sont renfermés dans un manteau membraneux, ployé en deux et ouvert par devant; leur bouche, qui n'a point de dents, est cachée entre les deux lobes du manteau, à la face interne desquels adhèrent les branchies. Ils sont essentiellement aquatiques et presque tous marins. Tous ont le corps contenu dans une coquille bivalve symétrique, généralement fixée aux corps sous-marins par un pédicule fibreux. Les deux valves sont l'une en dessus, l'autre en dessous ; elles se réunissent en arrière et s'ouvrent en avant (exemples : les *lingules*, les *térébratules*).

CLASSE DES ACÉPHALES.

Cette classe comprend tous les mollusques sans tête distincte, qui ont seulement une bouche cachée dans le fond du manteau , entre deux paires de petits feuillets triangulaires, mais non entourée de bras charnus et extensibles. Le manteau est presque toujours ployé en deux, et renferme le corps comme un livret est renfermé dans sa couverture. Il est ouvert tan-

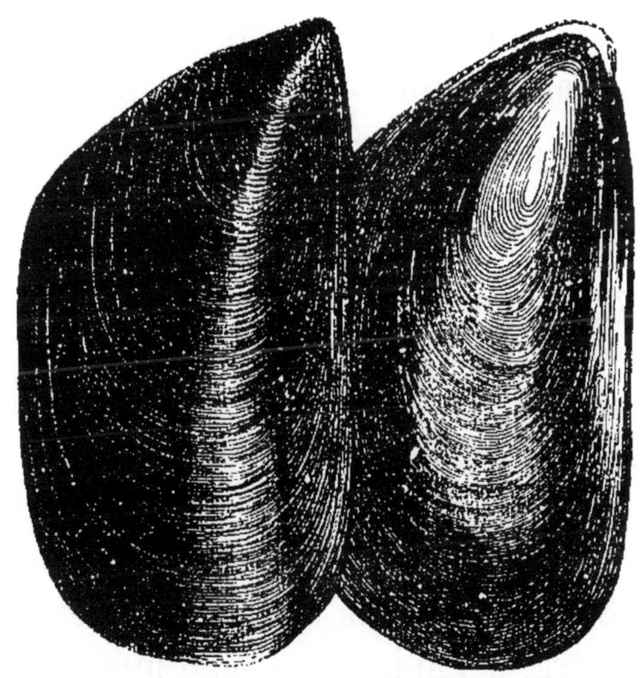

Fig. 68. La moule.

tôt par devant, tantôt aux deux bouts ou à un seul. A ce manteau, et surtout à la partie par laquelle s'introduit l'eau, tiennent de petits tentacules, qui sont, avec les feuillets triangulaires de la bouche, les seuls organes des sens que ces animaux montrent à l'extérieur. Les branchies sont le plus souvent en forme de lames semi-circulaires, et placées sous les replis du manteau au nombre de deux paires, une de chaque côté. Les mollusques acéphales sont tous aquatiques. On les divise d'abord en acéphales *testacés*, et en acéphales *nus* ou sans coquille.

Les testacés, qui sont les plus nombreux et auxquels appartiennent toutes les coquilles bivalves, se subdivisent en deux ordres, dont l'un (les *rudistes*) ne comprend que des genres à coquilles épaisses et grossières, et dont l'autre (les *lamellibranches*) comprend les genres à branchies en forme de lames, et à coquilles bivalves dont les pièces sont placées à droite et à gauche, et jouent plus ou moins l'une sur l'autre au moyen d'une charnière, de muscles et d'un ligament élastique. Les uns sont libres et se déplacent au fond de l'eau ou sur les parois des rochers, à l'aide d'un pied musculeux qu'ils peuvent allonger ou raccoucrir, et dont ils se servent comme d'un levier ou d'un ressort, ou bien ils se meuvent dans l'eau en choquant le fluide avec leurs valves, qu'ils ouvrent et ferment subitement ; les autres sont fixés aux rochers et autres corps sous-marins, soit, comme les huîtres, par leur coquille, qui est alors inéquivalve, et dans ce cas ils manquent

de pied ; soit, comme les moules, à l'aide d'un
byssus ou paquet de fils par lesquels ils sont
seulement suspendus ou amarrés, et qui se détachent de la base du pied ; dans ce cas, ils
emploient celui-ci pour produire ces fils, les diriger et les placer. L'ordre des lamellibranches
comprend un très-grand nombre de genres,
qui ont été répartis en plusieurs familles. Nous

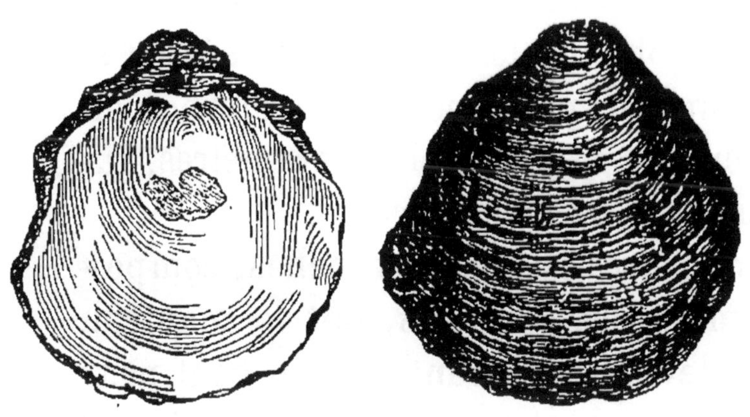

ig. 69. L'huître.

en citerons quelques-uns des plus remarquables :
les *huîtres* (fig. 69), dont le manteau est garnï
d'une double rangée de franges, et qui se fixent
aux rochers, et les unes sur les autres, par leur
valve la plus convexe : les *peignes* ou *pèlerines*
dont les coquilles à valves inégales sont marquées de côtes rayonnantes du sommet vers les
bords, et qui se font remarquer par l'éclat de
leurs couleurs ; les *moules*, à coquille close et

allongée, se fixant par un byssus ; les *jambon-neaux*, qui ont deux valves égales en forme d'éventail, et dont le byssus, fin comme de la soie, s'emploie pour fabriquer des draps auxquels il donne un reflet doré ; l'*aronde* aux perles, qu'on pêche dans le golfe Persique, coquille arrondie, dont l'intérieur fournit la nacre de perle, et les perles elles-mêmes, qui ne sont qu'une exsudation de cette matière nacrée sous la forme de globules ; les *tridacnes* ou *bénitiers*, coquilles fameuses par l'énorme grandeur qu'elles atteignent : il en est de plus de 2 mètres, qui pèsent plus de 300 kilogrammes.

Plusieurs genres de lamellibranches, composant la famille des *enfermés*, ont le manteau fermé par devant, s'ouvrant par un bout pour le passage du pied, et se prolongeant de l'autre en un double tube pour les excréments et pour la respiration ; leur coquille est toujours plus ou moins bâillante par ses deux extrémités. Ces animaux vivent presque tous enfoncés dans le sable, dans la vase, dans la pierre ou dans le bois. Plusieurs tapissent le trou où ils se tiennent d'une croûte calcaire qu'ils ont transsudée et qui leur forme comme une seconde coquille tubuleuse, dans laquelle la véritable coquille est renfermée (exemple : les *solens* ou manches de couteau, qui vivent enfoncés dans le sable ;

les *pholades*, qui se creusent des trous dans les galets et les rochers calcaires, d'où elles ne peuvent plus sortir lorsqu'elles y ont pris de l'accroissement ; les *tarets*, qui font leur tube dans l'épaisseur des bois sous-marins).

Les acéphales nus ou sans coquille, appelés aussi *tuniciers*, sont en petit nombre. Les uns flottent librement dans l'eau ; les autres se fixent aux fucus et autres corps marins. On les partage en deux sections, dont l'une comprend les espèces simples dont les individus sont distincts et sans liaison organique les uns avec les autres, quoiqu'ils soient souvent groupés ensemble (exemple ; les *ascidies*, les *biphores*) ; l'autre renferme les *agrégées*, ou les espèces dont les individus adhèrent entre eux en plus ou moins grand nombre au moyen d'une enveloppe commune, de manière à simuler un seul animal complexe (exemple : les *botrylles*, les *pyrosomes*).

CLASSE DES CIRRHOPODES.

Cette classe se compose de mollusques qui semblent former une sorte de passage aux animaux articulés. Aussi la plupart des auteurs modernes les placent-ils dans l'embranchement des articulés, à la suite des crustacés. Ils sont enveloppés d'un manteau et d'une coquille qui le plus souvent est multivalve ou composée de plus de deux pièces mobiles ; ils ont à la bouche des mâchoires latérales, et le long du ventre des filets ou *cirrhes* tentaculaires de substance cornée, divisés en articulations et rangés par paires comme des pattes. Ces animaux sont toujours fixés. On en connaît deux genres : les *anatifes*, ou *pouce-pieds*, et les *balanes* ou *glands de mer*. Les anatifes ont une coquille composée de cinq à sept valves principales, et portée à l'extrémité d'un long tube charnu. Les balanes n'ont point de tube charnu, mais une coquille en forme de cône tronqué, dont la base est fixée sur quelque corps, et dont l'ouverture supérieure se forme par quatre battants mobiles. Les rochers, les pieux de nos côtes sont couverts d'individus de ce genre.

ANIMAUX ARTICULÉS.

Les animaux articulés ont, de même que les
ertrébrés et les mollusques, le corps symétrique
t formé de deux parties similaires; mais ils se
istinguent de ceux-ci par leur enveloppe exté-
ieure, qui est alternativement dure et molle,
e qui la rend flexible par intervalles, et la
livise en un certain nombre d'articles en forme
l'anneaux. Les muscles sont toujours situés
n dedans des parties dures, qui sont de nature
ornée et font partie de la peau. Les membres,
[uand il y en a, sont au nombre de plus de
[uatre; les mâchoires, quand elles existent,
ont toujours latérales, se mouvant de côté, et
ion de haut en bas comme dans les vertébrés.
e système nerveux consiste en un double cor-
lon noueux, inférieur an canal intestinal, au-
[uel se joint par deux filets un ganglion qui
eprésente le cerveau, et qui seul se trouve
lacé du côté du dos, au-dessus de l'œsophage.
'appareil de la circulation est, en général,
ort incomplet; celui de la respiration varie
eaucoup, consistant tantôt en branchies ou en
acs pulmonaires, tantôt en vaisseaux aériens

u'on nomme des *trachées*, qui s'enfoncent dans 'intérieur du corps en s'y ramifiant, pour aller hercher le fluide nourricier dont tous les oranes sont imbibés. Ces trachées sont soutenues ar des fils élastiques de couleur argentée, et 'ouvrent au dehors par des trous nommés *tigmates*, placés sur les côtés du corps.

Il existe de grandes différences entre les animaux articulés sous le rapport de la forme générale du corps; ces différences tiennent au nombre et à la similitude plus ou moins grande des anneaux qui le composent, à la réunion de ceux-ci en groupes plus ou moins distincts pour former une tête, un thorax, un abdomen; à la nature, au nombre et à la combinaison des appendices qui s'y ajoutent. Aussi les caractères des subdivisions dans l'embranchement des articulés sont-ils tirés de la forme générale du corps et de la disposition des appendices. Ce nom d'appendice s'applique à l'ensemble des parties extérieures qui s'ajoutent par paires aux anneaux du corps, tels que les pieds, les mâchoires, les antennes, etc.

Les pieds sont tantôt en forme de soies roides implantées dans la peau; tantôt ils sont composés de plusieurs pièces cornées et articulées entre elles, d'une hanche, d'une cuisse, d'une jambe et d'un tarse formé lui-même de plusieurs petits articles. Les antennes sont des espèces de cornes articulées et mobiles en tous sens, placées au devant de la tête et très-variées par la forme; ce sont les organes d'un toucher très-délicat. Les mâchoires sont des pièces cornées disposées par paires latérales sur les côtés de la tête; il y en a le plus ordinairement deux paires, dont la supérieure, plus forte, constitue les *mandibules*. D'autres pièces, qui couvrent les mâchoires en avant et en arrière, ont le nom de *lèvres*; la lèvre inférieure porte le plus souvent deux filets articulés qui ressemblent à de petites antennes, et qu'on nomme *palpes*. Les mâchoires ont aussi des filaments de cette espèce; ils paraissent servir à l'animal pour reconnaître ses aliments. Dans les espèces qui se nourrissent de substances solides, les pièces latérales de la bouche font réellement l'office de mâchoires; mais dans celles qui ne prennent que des aliments fluides, toutes les parties de la bouche se modifient et se combinent sous les trois formes générales d'un *bec*, d'une *trompe* ou d'une *langue*. Le bec est un tube articulé servant de gaîne à un suçoir, et se recourbant sous le corps; la trompe est un tube charnu, inarticulé, terminé par deux lèvres et renfermant pareillement un suçoir; la langue est un suçoir nu, filiforme, divisé en deux pièces, et roulé en spirale sur lui-même. Les ailes qui servent à la locomotion d'un grand nombre d'insectes sont des appendices membraneux parcourus par de nombreuses nervures, que l'on considère comme des trachées aériennes.

Un grand nombre d'animaux articulés subissent des *métamorphoses* plus ou moins nombreuses et complètes, c'est-à-dire qu'ils ne naissent pas avec la forme qu'ils doivent avoir un jour, mais passent successivement par différents états avant d'arriver à l'état adulte ou parfait, qui est celui dans lequel ils ressemblent à leur mère et peuvent se reproduire. Ces états successifs correspondent à ces phases du développement que subissent généralement les animaux durant la période de la vie embryonnaire, lesquelles phases, au lieu de se succéder rapidement comme chez les mammifères, se montrent ici permanentes pendant un temps plus ou moins long.

Les animaux articulés se subdivisent, d'après leurs formes principales et d'après la nature de leur respiration et de leur circulation, en cinq classes qui sont : les ARACHNIDES, les INSECTES, les MYRIAPODES, les CRUSTACÉS et les ANNÉLIDES.

CLASSE DES ARACNIDES.

Les ARACHNIDES n'ont ni antennes ni branchies ; elles ont la **tête** et le thorax réunis en une seule pièce, de forme ronde ou carrée, qui porte des pattes, ordinairement au nombre de

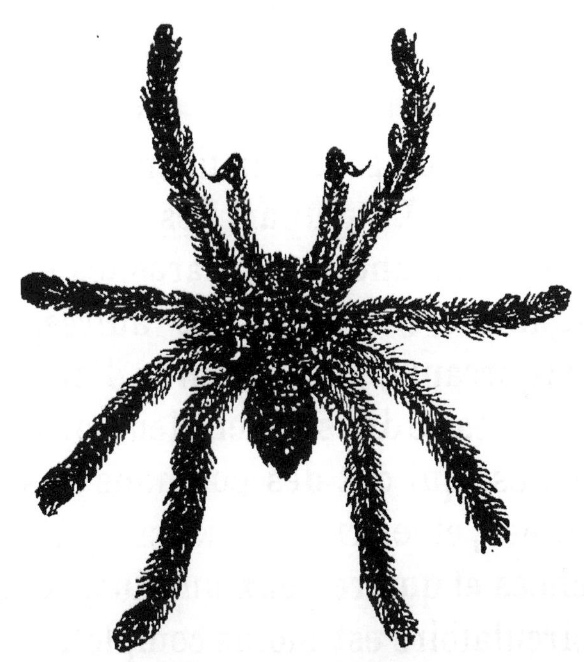

Fig. 70. L'araignée.

huit, et un abdomen distinct sans appendices locomoteurs, qui, en général, est mou et fixé au thorax par une espèce de pédicule. Leur tête présente des points luisants qui sont des yeux et qui varient pour le nombre et la situation.

Leurs pattes sont très-longues et terminées par deux crochets. Leurs organes de respiration sont des poumons ou de simples trachées : sous leur ventre sont les stigmates qui conduisent à ces trachées ou aux sacs pulmonaires. Les arachnides pulmonaires ont une circulation complète, avec un cœur simple qui reçoit le sang qui a respiré dans les poumons, pour le renvoyer aux parties. Leur canal intestinal se termine toujours à l'extrémité postérieure du corps où sont les filières ou instruments qui servent à filer des soies, quand l'animal en est pourvu.

Il y a toujours deux sexes distincts, et la génération est ovipare. La plupart des arachnides sont carnivores. Les unes sont parasites et ont la bouche organisée en suçoir; les autres, qui mènent une vie errante, l'ont entourée d'organes masticateurs. Elles se divisent en deux ordres : les PULMONAIRES, qui ont des poumons et six à huit yeux simples, et les TRACHÉENNES, qui n'ont que des trachées et quatre yeux au plus, et dont le système circulatoire est moins complet.

Les pulmonaires se partagent en deux familles : les *fileuses*, qui filent des soies et fabriquent des toiles, et les *pédipalpes*, qui sont sans filières, et ont des palpes en forme de pinces. A la première famille appartiennent les *araignées*, dont les mandibules ont des palpes en crochet et dont l'abdomen est ovale et sans queue. Ce sont des animaux très-cruels, qui n'épargnent pas même leur propre espèce ; ils ont sous l'anus de petits mamelons d'où ils tirent des fils de soie d'une ténuité extrême avec lesquels ils fabriquent des cocons pour renfermer leurs œufs, ou des toiles d'un tissu plus ou moins serré, et qui sont autant de piéges pour les insectes dont ils se nourrissent. Les flocons blancs qui voltigent dans l'arrière-saison et qu'on nomme communément fils de la Vierge, les fils que l'on voit en grande abondance croiser les sillons des terres labourées quand ils sont éclairés par les rayons du soleil, sont produits par diverses araignées. La plupart des espèces sont plus ou moins venimeuses. On les distribue en plusieurs groupes, parmi lesquels nous citerons les *mygales* (fig. 70) : il en est qui sont grosses presque comme le poing, et qu'on désigne en Amérique par le nom *d'araignées crabes.*

Une espèce de ce genre est connue en France sous le nom *d'araignée maçonne.* Elle a l'habitude de se creuser une galerie souterraine, qu'elle tapisse intérieurement d'une couche épaisse de soie, et dont elle bouche l'entrée avec une porte qu'elle fabrique avec de la terre et des fils. Les araignées proprement dites forment un genre d'arachnides qu'on nomme *sé-*

dentaires, parce qu'elles se construisent des
toiles, et y demeurent à poste fixe, attendant
que quelque insecte vienne s'embarrasser dans
ce filet. L'*araignée aquatique* appartient à un
troisième genre; on la trouve fréquemment
dans les eaux stagnantes. Vivant au milieu de
ces eaux, et ne pouvant cependant respirer que
l'air libre, elle se forme au sein de cet élément
une atmosphère artificielle où elle trouve le
fluide nécessaire à sa respiration. A cet effet,
elle se file dans l'eau une coque ovale et assez
serrée pour qu'elle puisse retenir l'air, et fixe
cette espèce de ballon à quelque corps sub-
mergé, en ayant soin que l'ouverture dont elle
est percée se trouve à la partie inférieure. Puis
elle monte à la surface de l'eau, pour en rapporter, sous son ventre, une bulle d'air qu'elle
introduit dans la coque, ce qui en fait sortir
une certaine quantité d'eau. Elle renouvelle
fréquemment ce manége, jusqu'à ce qu'elle ait
entièrement remplacé l'eau de la coque par de
l'air atmosphérique. Dès que cet air se trouve
vicié par sa respiration, elle renverse la coque,
qui se vide aussitôt, et se remet à la remplir
d'air pur par le même moyen.

Un quatrième genre d'araignées pulmonaires
est celui des *lycoses* au araignées-loups, ainsi
nommées à cause de leur voracité. Elles font

partie du groupe des araignées qu'on appelle *vagabondes*, parce qu'au lieu de s'établir à poste

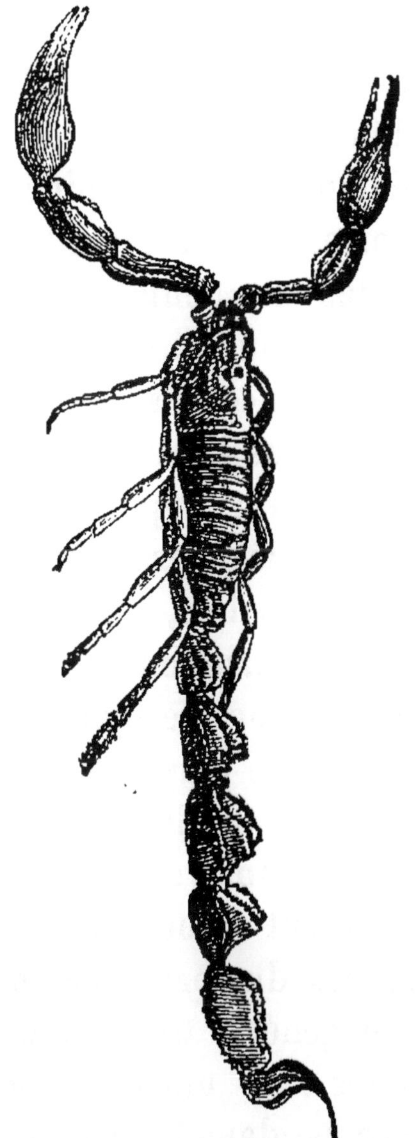

Fig. 71. Le **scorpion**.

fixe dans quelque endroit, elles errent au hasard pour chercher leur nourriture. Nous citerons comme espèce de ce genre, la *tarentule* d'Italie, dont la morsure produit des effets assez graves.

A la seconde famille des pulmonaires appartiennent les *scorpions*, qui ont des palpes très-longs et terminés en pinces, ce qui leur donne quelque ressemblance de forme avec des écrevisses. Leur abdomen est terminé par une queue noueuse armée d'un aiguillon dont la piqûre produit des accidents graves, même chez l'homme. Ces animaux sont communs dans le midi de la France; ils vivent d'insectes, se tiennent à terre sous les pierres, et courent avec rapidité, en relevant la queue.

Les arachnides trachéennes se partagent en un certain nombre de tribus, parmi lesquelles on distingue les *phalangiens* ou *faucheurs*, et les *acarides* ou *mites*, qui ont le thorax et l'abdomen réunis en une seule masse. Les faucheurs sont remarquables par la longueur de leurs pattes : tout le monde connaît celui des murailles, dont les pattes remuent encore longtemps après qu'on les a séparées du corps. Les mites sont des arachnides en général très-petites et presque microscopiques : les unes sont errantes et vivent sous les pierres, dans la terre, dans l'eau, ou bien sur le fromage et nos aliments; les autres sont parasites et se rencontrent quelquefois sur la peau ou dans la chair des animaux (exemple : l'hydracne, qui court dans l'eau avec célérité ; la mite du fromage ; la mite des oiseaux ; la tique du chien et du bœuf ; le rouget ou le lepte automnal, l'acarus de la gale humaine, etc.).

CLASSE DES INSECTES.

Les insectes proprement dits sont pourvus de pieds articulés, au nombre de six ; ils respirent par de simples trachées, et leur corps est divisé

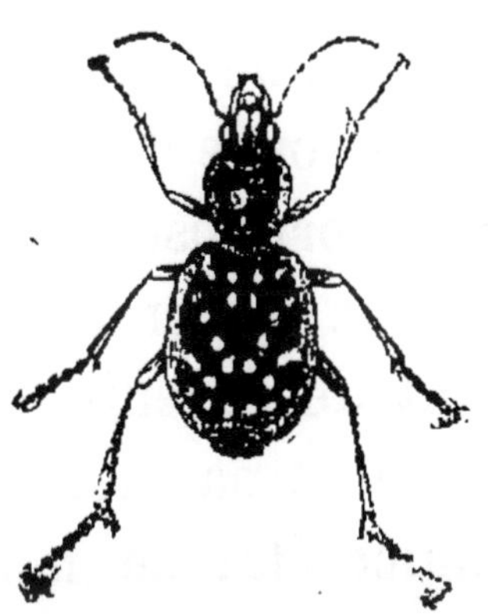

Fig. 72. Graphitère.

en trois parties distinctes, tête, thorax et abdomen. La tête supporte des antennes et deux yeux composés d'une multitude innombrable de petites facettes, et que l'on peut considérer comme la réunion d'un grand nombre de petits yeux simples. Le thorax donne attache aux pattes, et aux ailes quand il y en a ; le nombre de celles-ci ne dépasse jamais quatre. L'abdomen a ses anneaux percés de stigmates. Le dernier anneau est souvent terminé par des instruments de forme diverse, tels que crochets, tarières, aiguillons, pinces, scies, filières, etc. Le fluide nourricier n'est point soumis à une véritable circulation : il pénètre seulement les organes par imbibition. Il n'y a ni cœur ni vaisseaux proprement dits, si ce n'est toutefois une sorte de vaisseau dorsal que l'on regarde comme un cœur rudimentaire. Il existe toujours deux sexes distincts, et la génération est ovipare. Les insectes n'engendrent qu'une seule fois en leur vie. Le petit, après sa sortie de l'œuf, subit le plus souvent des métamorphoses. Ceux qui doivent avoir des ailes ne les prennent qu'à un certain âge, et avant de devenir insectes ailés ils passent ordinairement par deux formes différentes. Leur premier état se nomme *larve*, s'ils ressemblent à un ver presque entièrement dépourvu de pattes, ou *chenille*, s'ils ont des pattes très-courtes (fig. 73), placées les unes aux premiers anneaux qui suivent la tête, les autres aux derniers. Les larves subissent différentes mues, c'est-à-dire changent plusieurs fois de peau avant de passer au second état, qui est celui de *nymphe* ou *chrysalide :* c'est un état d'immobilité (fig. 74) dans lequel l'animal présente toutes les parties de l'insecte parfait

Fig. 73. Larve ou chenille.

comme emmaillotées par un tégument transparent qui les recouvre. Beaucoup de larves, avant de passer à l'état de nymphe, se préparent avec des matériaux qu'elles réunissent ou

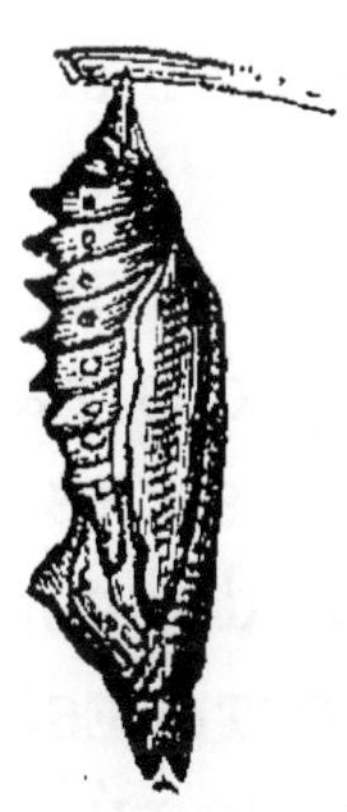

Fig. 74. Nymphe ou chrysalide.

avec de la soie qu'elles tirent de leur intérieur, un abri ou une coque où elles se renferment. La nymphe ne prend pas de nourriture; après

n temps quelconque, dont la durée varie selon
es espèces et la saison, elle se fend, et il en
ort un insecte parfait, pourvu d'ailes et en état
e produire. Tous les insectes ne passent pas
ar les trois états dont nous venons de parler.
eux qui n'ont point d'ailes sortent presque
ous de l'œuf avec la forme qu'ils doivent toujours garder, et parmi ceux qui ont des ailes,
un grand nombre ne subit d'autre changement
que de les recevoir.

Les insectes composent la classe la plus nom-
breuse du règne animal, et l'une des plus inté-
ressantes par la variété des formes, la richesse
des couleurs, et surtout les mœurs et les instincts
propres à chaque espèce. On les a subdivisés
d'après les caractères qu'ils montrent dans l'état
parfait. Ceux de ces caractères qui servent à
établir les principales subdivisions sont tirés
des ailes, de la bouche, des pattes et des antennes. La classe des insectes se partage en
huit ordres, qui sont ceux des COLÉOPTÈRES, des
ORTHOPTÈRES, des NÉVROPTÈRES, des HYMÉNOP-
TÈRES, des HÉMIPTÈRES, de LÉPIDOPTÈRES, des
DIPTÈRES et des APTÈRES. Nous nous bornerons à
citer ici pour chaque ordre quelques-uns des
genres les plus remarquables par leurs mœurs,
leurs habitudes et leurs usages.

Ordre des coléoptères.

L'ordre le plus nombreux est celui des COLÉ-
OPTÈRES, qui sont les insectes pourvus de mâchoires, à quatre ailes différentes, dont les deux
supérieures, en forme d'étuis cornés, se nomment *élytres*, et les deux inférieures sont membraneuses et repliées en travers sous les précédentes, dans l'état de repos. Leur tête offre
deux antennes de formes variées, dont le nombre des articles est de dix ou onze. Leur larve
est vermiforme, avec six pattes courtes et une
tête écailleuse. Leur nymphe est immobile. Les
genres nombreux de cet ordre ont été distribués
dans plusieurs sections, d'après le nombre des
articles du tarse ou de cette partie du pied qui
correspond aux doigts; ceux d'une même section ont été ensuite partagés en familles, d'après
des caractères tirés des parties de la bouche, de
la forme des antennes et de la grandeur des
élytres. Nous citerons parmi les principaux
genres : les *carabes*, qui ont six palpes, des antennes filiformes et des mâchoires en crochet ;
plusieurs espèces lancent par l'anus, lorsqu'elles
sont en danger, une liqueur âcre et caustique ;
les *cicindèles*, qui ont pareillement six palpes,
brillent la plupart de belles couleurs métalliques,

et ont des yeux saillants, une tête large et un
corselet très-étroit; — les *gyrins* ou *tourni-*

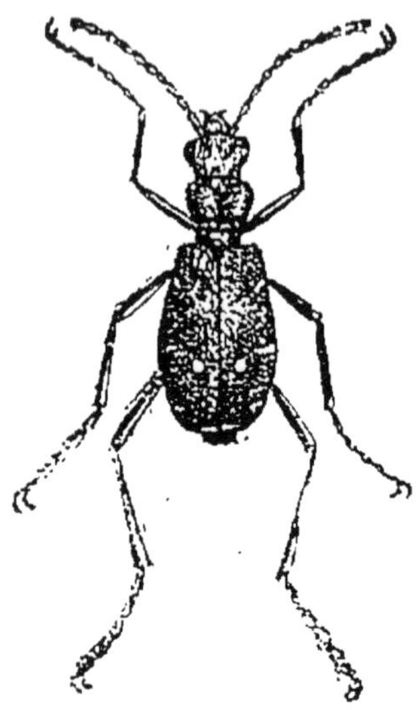

Fig. 75. Cicindèle.

quets, espèces aquatiques, que l'on voit sans
cesse nager en tournoyant à la surface de l eau ;
— les *buprestes*, ou *richards*, qui n'ont que
quatre palpes, et se distinguent par la beauté
et l'éclat de leurs couleurs; — les *lampyres*
qui ont la propriété de luire pendant la nuit, et
dont les femelles, privées d'ailes, sont connues
sous le nom de *vers luisants;* — les *scarabées*,
dont les mâles ont souvent des cornes ou des
épines sur la tête ou sur le corselet; — les *han-*
netons, si communs dans nos climats (fig. 76);
les *lucanes* ou *cerfs-volants*, dont les mâles
ont des mandibules très-longues, arquées

et dentées, représentant les cornes des animaux à bois ; — les *cantharides*, que l'on emploie comme vésicatoires, parce qu'elles ont la propriété de faire lever l'épiderme de la peau, quand on les applique sur cet organe ; — les *charançons*, dont les larves, dépourvues de pied,

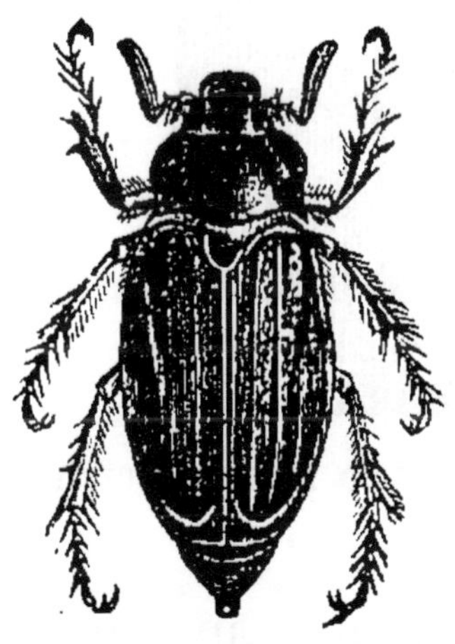

Fig. 76. Hanneton.

occasionnent des dégâts considérables en attaquant le blé ; — les *capricornes*, remarquables par leurs longues antennes en forme de soie, qu'ils meuvent avec vivacité, et dont le corselet rond est armé d'épines ; — les *coccinelles*, petits insectes à corps hémisphérique, orné de jolies couleurs, que l'on connaît vulgairement sous le nom de *bêtes à Dieu*.

Les larves des cicindèles sont curieuses par leurs habitudes. Elles pratiquent des trous ver-

aux dans le sable, et placent leur large tête à
uverture de manière à la masquer. Un insecte
ent-il à passer sur cette espèce de trappe, elle

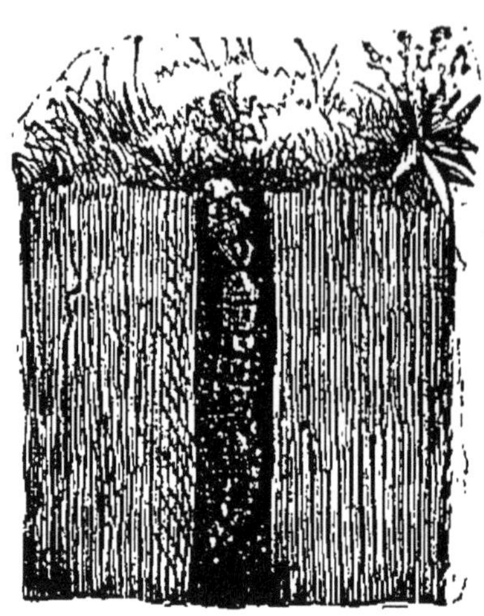

Fig. 77. Trou d'affût de la larve de cicindèle.

'abaisse aussitôt, et il tombe au fond du trou,
ù il trouve inévitablement la mort.

Nous citerons encore les taupins, les vrillet-
es, les nécrophores, etc.

On donne le nom de *taupin* ou de scarabée à
essort, à un genre de coléoptère qui, lorsqu'il
st renversé sur le dos, a la faculté de se remettre
ur ses pieds, en se ployant en arc et se déban-
ant subitement. Quelques espèces répandent
ans la nuit une vive lumière, comme nos vers
uisants. Ceux de l'Amérique du Sud brillent
l'un tel éclat, qu'on peut s'en servir pour s'é-
clairer en travaillant.

Les *vrillettes* sont de petits insectes qui vivent dans le bois, où ils font des trous ronds qu'on pourrait croire produits par une vrille. Ils frappent souvent les boiseries avec leur tête par un mouvement rapide de *va-et-vient*, et produisent ainsi un bruit analogue aux battements d'une montre, qui s'entend très-bien pendant la nuit, et auquel on donne vulgairement le nom d'horloge de la mort.

On donne le nom de *nécrophore* ou de *porte-mort*, à un insecte qui a l'habitude singulière d'enterrer les cadavres des petits quadrupèdes qu'il rencontre dans les champs; il y dépose ses œufs afin que les petits trouvent en naissant un aliment convenable à leur organisation et à leurs besoins.

Les *dermestes* ou mangeurs de peau, sont des insectes dont les larves vivent aux dépens des matières animales desséchées. Elles attaquent principalement les pelleteries.

Les *bousiers* sont des insectes qui vivent en général sur la fiente et dans le fumier. Ils forment avec ces ordures une petite boule dans laquelle ils déposent un œuf, et qu'ils portent ensuite dans un trou pour que la larve qui en proviendra trouve sa nourriture toute prête.

Ordre des orthoptères.

Les ORTHOPTÈRES sont pourvus de mâchoires, ont des élytres mous et des ailes plissées longitudinalement en éventail, et ne subissent que des demi-métamorphoses. Tous sont terrestres, et le plus grand nombre se nourrit de plantes vivantes. Les uns ont tous les pieds semblables et propres à la course. Les autres ont les pieds postérieurs très-longs et disposés pour le saut. Parmi les premiers nous citerons les *forficules*, ou *perce-oreilles*, ainsi nommés, parce qu'on leur attribuait à tort l'instinct de s'insinuer dans les oreilles. Parmi les seconds, nous citerons les *sauterelles*, qui ont les élytres et les ailes en toit, de longues antennes en forme de soie, et quatre articles aux tarses ; les *criquets*, qui ont des ailes disposées de la même manière, mais seulement trois articles aux tarses et qui émigrent en bandes si nombreuses que, comme des nuées, ils obscurcissent le soleil ; les *grillons*, qui ont des ailes horizontales, et dont une espèce, le *cricri*, habite l'intérieur de nos maisons et de préférence les lieux où règne une chaleur habituelle. Les mâles de ces derniers genres produisent par le frottement de leurs cuisses et de leurs élytres, un son aigre et monotone, que l'on nomme vulgairement leur chant. Une autre espèce, la courtilière ou taupe-grillon, vit dans la terre, et occasionne de grands dégâts en creu-

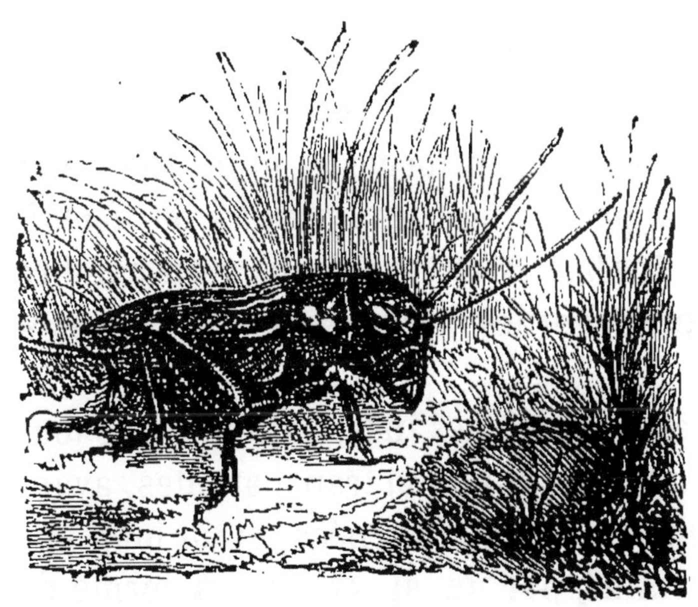

Fig. 78. Le grillon.

sant des chemins à la manière des taupes, et en coupant les racines de toutes les plantes qui s'opposent à sa marche.

Il est des insectes qui ressemblent un peu aux sauterelles, mais qui ne peuvent sauter, et sont remarquables par la bizarrerie de leurs formes : tels sont les *mantes*, dont le corps est excessivement allongé et étroit et auxquels on a donné les noms de *spectre*, de *sorcier*, de *religieuse*, etc.

Ordre des névroptères.

Les **névroptères** sont pourvus de mâchoires, ont quatre ailes membraneuses avec des nervures en réseau, et un abdomen sans aiguillon. Leurs larves ont six pattes et diffèrent de l'insecte parfait. Les uns ont les antennes en forme d'alènes, les autres en forme de fil de soie. Aux premiers appartiennent les *libellules* ou *demoiselles*, les *éphémères* et les *friganes;* du nombre des seconds sont les *fourmis-lions* et les *termites.*

Les libellules sont des insectes connus de tout le monde, à ailes égales et transparentes, ayant des mâchoires dures et cornées, et un long abdomen terminé par un appendice en forme de feuillet. On les voit sur le bord des ruisseaux poursuivre les mouches, les cousins, et autres petits insectes volants. Les éphémères diffèrent des libellules par leurs mâchoires molles et incomplètes; leur existence, à l'état d'insecte ailé, est bornée à quelques heures, et ne s'étend jamais au delà d'un jour; dès que les femelles ont pondu, on les voit tomber mortes à l'instant. Il en tombe quelquefois une si grande quantité dans le même lieu, que leurs cadavres forment des tas assez considérables pour qu'on les enlève par charretées ; on les emploie alors pour engraisser les terres. Les friganes ont beaucoup de rapport avec les éphémères pour la brièveté de leur vie à l'état parfait. Leurs larves vivent dans l'eau, et se construisent une espèce de fourreau solide, dans lequel elles sont entièrement cachées, à l'exception de la tête qu'elles laissent sortir.

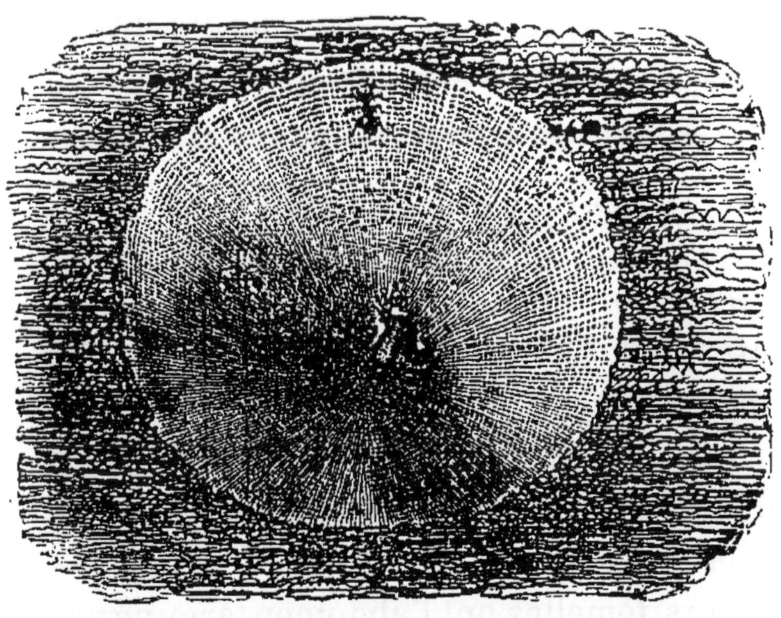

Fig. 79. Trou d'affût du fourmi-lion.

Les fourmis-lions sont des insectes célèbres aussi par l'industrie de leur larve, qui se creuse dans le sable un entonnoir au fond duquel elle se cache, pour saisir les insectes qui tombent dans ce précipice.

Les termites sont des insectes propres aux contrées équatoriales et dont les mœurs sont très-intéressantes; on les connaît sous le nom de *fourmis blanches*. Réunis en troupes immenses ils se contruisent, comme les abeilles, des habitations communes à toute la société; ce sont des huttes de 3 à 4 mètres de haut, remarquables par leur solidité, et dont l'intérieur est divisé en un nombre infini de compartiments et de galeries, disposés avec beaucoup d'ordre et de symétrie.

Ordre des hyménoptères

Les HYMÉNOPTÈRES sont encore pourvus de mâchoires, et à quatre ailes membraneuses veinées, mais les nervures sont principalement en long et non en réseau, et les ailes inférieures sont plus courtes et accrochées le plus souvent aux supérieures dont elles suivent le mouvement. Leurs femelles ont l'abdomen terminé par une tarière ou un aiguillon. Ils subissent des métamorphoses complètes. La plupart des larves sont sans pieds, et la mère les dépose tantôt au milieu des matières qui doivent servir à leur nourriture, tantôt dans des espèces de nids où leurs aliments leur sont régulièrement apportés. Plusieurs de ces insectes forment des sociétés dont les travaux s'exécutent en commun et avec un ordre admirable. Aux hyménoptères appartiennent les *fourmis*, les *guêpes*, et les *abeilles*, qui vivent en sociétés nombreuses. Celles des fourmis sont composées de trois sortes d'individus, de mâles et de femelles pourvus delon-

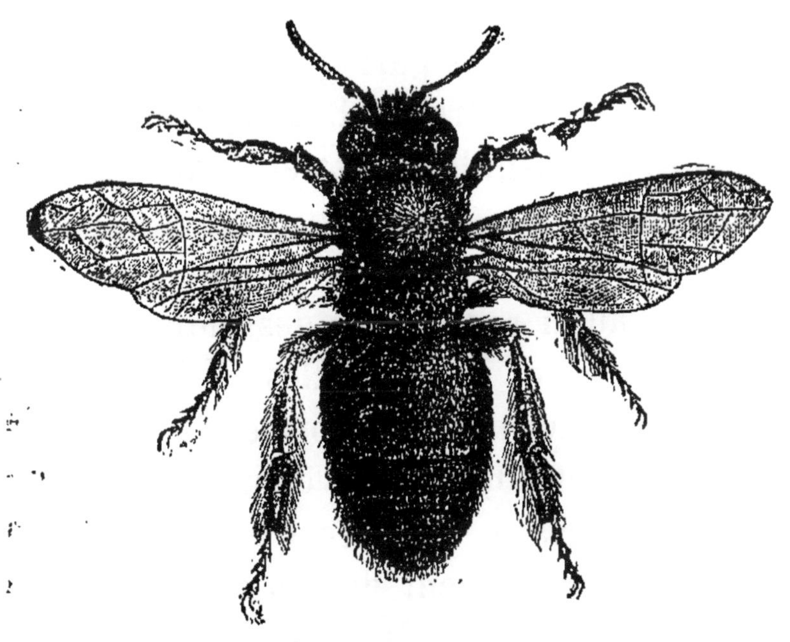

Fig. 80. Abeille (grossie).

gues ailes, et de neutres qui n'en ont point du tout. Les deux dernières sortes ont des aiguillons piquants et rétractiles. Les neutres seuls travaillent, ils creusent la fourmilière et nourrissent les larves; les femelles n'y restent que pour la ponte, elles en sortent, ainsi que les mâles, dès que ceux-ci ont acquis leurs ailes.

Les sociétés des abeilles sont composées d'une femelle unique (*la reine*), de mâles appelés *frelons*, et d'individus neutres, qui sont les *abeilles ouvrières*, chargées de tout le travail et de l'éducation des larves. Elles se reconnaissent à la longue trompe qui leur sert à sucer le suc des fleurs. Elles ont un aiguillon rétractile qui blesse douloureusement. Tout le monde sait qu'elles se construisent des demeures partagées en cellules régulières, dont la matière est la *cire*, et dans lesquelles elles déposent les larves et le miel qui doit les nourrir.

Les guêpes vivent à peu près comme les abeilles ; il y a aussi parmi elles des individus neutres, des mâles et des femelles. Elles se construisent des rayons d'une forme particulière, avec une sorte de papier, dont elles ramassent les matériaux sur l'écorce des végétaux ou qu'elles forment de toutes pièces, en broyant des particules de bois, et en les collant avec un suc visqueux dont elles les pénètrent.

Nous citerons encore comme appartenant aux hyménoptères, les *tenthrèdes*, ou mouches à scie, les *ichneumons* ou mouches vibrantes, les *cynips* et les *chrysides* ou guêpes dorées : tous ces insectes ont leur abdomen armé d'une tarière. Les tenthrèdes sont généralement fort petites; leur forme rappelle celle des guêpes, mais elles n'ont pas, comme celles-ci, l'abdomen séparé du corselet, et leurs ailes sont plissées et comme chiffonnées. Leurs habitudes sont en outre très-différentes. Elles se tiennent sur les arbres, et lorsque le temps de la ponte est arrivé, la femelle choisit une branche convenable et se met à y pratiquer des trous avec sa scie; dans chaque trou elle dépose un œuf et une goutte d'une liqueur mousseuse, dont l'usage paraît être d'empêcher l'ouverture de se fermer. Quelques jours après, on voit l'écorce se gonfler autour de la plaie; en même temps l'œuf lui-même se développe et finit souvent par former une *galle* ou excroissance semblable à un petit fruit. Ces galles, qui d'abord ne servent qu'à protéger l'œuf, deviennent, lors de son éclosion, le domicile de la larve qui y subit toutes ses métamorphoses.

Les *ichneumons* ont des antennes longues et très-mobiles, et un corps étroit et presque linéaire. Ce sont des animaux parasites, qui passent le premier temps de leur vie dans le corps des chenilles de papillons, dont ils dévorent la graisse et finissent par ronger tous les organes. Ces flocons de soie blanche ou jaune, que l'on voit si communément sur les murs des jardins potagers, sont l'ouvrage de ces insectes; ce sont

es assemblages de petites coques de même
ouleur, dont chacune renferme une chrysalide.
uand on détache ces coques des corps aux-
uels elles sont adhérentes, les chrysalides sau-
ent avec agilité en se ployant en arc et se dé-
)andant ensuite. Au printemps suivant, il sort

Fig. 81. Noix de galle.

de chacun de ces cocons un petit ichneumon
noir, avec les pattes jaunes ou rouges.

Les *cynips* sont de petits insectes à thorax
bombé, dont les habitudes sont analogues à
celles des tenthrèdes; ils percent l'écorce et les
feuilles des arbres pour déposer leurs œufs. La

présence de ceux-ci détermine l'affluence des sucs vers la partie piquée, et produit ainsi ces sortes de végétations moussues et monstrueuses, qu'on voit souvent sur l'églantier, et qu'on nomme *bédéguards*. C'est ainsi que se forme la *noix de Galle*, employée dans la teinture, et qui se développe sur une espèce de chêne de l'Asie Mineure.

Les *chrysides* sont des insectes aux couleurs brillantes et métalliques, dont l'abdomen est concave par-dessous, et qui peuvent se rouler en boule. Ils sont vifs, alertes, et on les voit se promener sans cesse avec agilité sur les murs et sur les vieux bois exposés au soleil.

Ordre des hémiptères.

Les HÉMIPTÈRES sont des insectes sans mâchoires, pourvus d'un bec aigu, recourbé sous la poitrine et servant de gaîne à un suçoir composé de trois soies : ils ont généralement quatre ailes dont les deux supérieures sont des élytres à moitié membraneux, ou des ailes entièrement membraneuses et semblables aux inférieures, mais plus grandes et plus fortes. Tous sont à demi-métamorphoses. On distingue parmi les principaux genres : les *punaises* (celles des lits n'ont ni ailes ni élytres); les *cigales*, dont les

mâles rendent un son monotone appelé chant,
à l'aide de deux instruments placés sous le ventre ; les *pucerons* ; les **cochenilles** dont une espèce sert à teindre en écarlate et à faire du car-

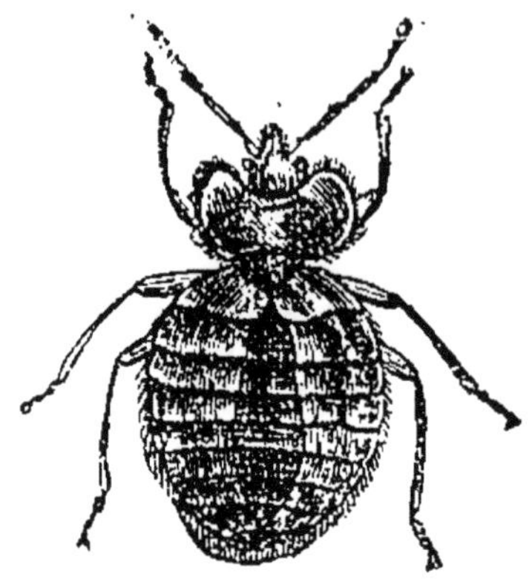

Fig. 82. Punaise des lits.

min ; celle-ci fait une des principales richesses
du Mexique, où elle vit sur une espèce de cac-
tus appelé *nopal.*

On donne le nom de *fulgores* a des insectes
qui ont beaucoup de ressemblance avec les cigales ; une des espèces les plus remarquables,
est le *porte-lanterne* de Cayenne, qui a 8 centimètres de longueur et dont le front, renflé
comme une vessie, brille pendant la nuit d'un
éclat phophorique tel, qu'on assure qu'il est
possible de lire à la lueur qu'il répand.

Ordre des lépidoptères.

Les **LÉPIDOPTÈRES** sont sans mâchoires, pourvus d'une trompe qui se roule en spirale, à quatre ciles revêtues d'écailles semblables à une poussière fine (fig. 83). Leurs larves (fig. 73,

Fig. 83. Le papillon.

p. 240), nommées *chenilles*, subissent des métamorphoses complètes ; leurs nymphes (fig. 74, p. 240) sont immobiles. Ces insectes son généralement connus sous le nom de *papillons ;* on les partage en trois familles, dont l'une comprend les *diurnes* ou papillons proprement dits, qui volent le jour et ont les antennes renflées au sommet ; une autre comprend les *crépuscu-laires* ou les sphinx, qui volent le soir et dont les antennes sont en fuseau : et la troisième comprend les *nocturnes* ou les phalènes, qui volent la nuit, et dont les antennes sont en forme de soie ou vont en diminuant de la base à la pointe. Les papillons de jour ont des chenilles pourvues de seize pattes, des chrysalides non renfermées dans une coque, mais suspendues en l'air par l'extrémité supérieure du corps (exemple : le paon de jour, fig. 84, p. 258). Parmi les papillons du soir, on distingue les sphinx proprement dits, à ailes longues, triangulaires, qui volent avec une extrême rapidité en planant au-dessus des fleurs. Parmi ceux de nuit, qui n'ont pas les couleurs brillantes des papillons de jour, on distingue les *bombyx*, auxquels appartiennent le bombice du mûrier (ou *ver à soie*) et les *teignes*, dont les chenilles dévorent les fourrures et les étoffes, pour se fabriquer avec les débris des poils qu'elles rongent, des fourreaux dans lesquels elles se retirent.

Les principales espèces du genre *bombyx* sont l'*atlas*, le *paon de nuit*, le *bombyce processionnaire* et le *bombyce du mûrier*. Les deux premières ne sont remarquables que par leur taille et les belles taches qu'offrent leurs ailes. La troisième est curieuse par l'habitude qu'elle a de vivre en sociétés nombreuses, et par l'ordre qu'elle suit dans sa marche à l'état de chenille, lorsqu'elle change de domicile : une seule ouvre la marche, deux viennent après, puis trois, quatre, cinq, et ainsi de suite, en augmentant d'un à chaque file, de manière à former un triangle. La quatrième espèce est celle dont la chenille produit la soie, ce fil délicat auquel nous devons nos plus beaux tissus, et que l'animal emploie à se faire un cocon avant de se métamorphoser en nymphe. Cet insecte est l'un des plus utiles que l'on connaisse en Europe, où il a été transporté des contrées orientales de l'Asie. On l'élève avec beaucoup de soin dans des établissements connus sous le nom de *magnaneries.*

Le bombyce du mûrier, originaire de la Chine, est passé de ce pays dans l'Inde et la Perse; de là il a été porté en Europe, sous le règne de Justinien, d'abord à Constantinople, puis dans la Grèce, l'Italie, l'Espagne, et enfin dans le midi de la France. Voici la série des métamorphoses de cet insecte remarquable : il est d'abord renfermé pendant près de six mois dans un petit corps arrondi qu'on appelle *œuf;* il en sort sous la forme d'une petite larve ou chenille ayant huit paires de pattes : cette petite chenille est ce qu'on nomme improprement *ver à soie.* Elle se nourrit de feuilles de mûrier blanc, et à mesure qu'elle grossit, subit plusieurs mues ou changements de peau. Au bout de vingt-cinq à trente jours, quand le ver à soie est sur le point de se transformer en chrysalide, il cherche un lieu écarté, et s'y construit une sorte de demeure où il pourra être à l'abri des corps extérieurs. C'est alors qu'il file la soie ou une sorte de tapisserie solide, qu'il dispose de manière à laisser intérieurement une cavité ovale : c'est ce qu'on nomme un *cocon*. C'est dans cette cavité que la chenille quitte sa dernière peau et se change en chrysalide. Cette chrysalide, qu'on nomme ordinairement *fève*, est une masse ovale, allongée, plus grosse à l'une de ses extrémités. D'abord molle et transparente, elle durcit peu à peu et devient opaque. Une vingtaine de jours après cette transformation on voit sortir du cocon un petit insecte blanc à quatre ailes, qu'on nomme *phalène* ou *bombyce*. C'est un insecte parfait, qui bientôt pond des œufs et meurt. Ces œufs, six mois après, reproduiront des chenilles, qui à leur tour donneront de la soie et passeront par tous les états précédents.

Pour se procurer de la soie, on fait périr les chrysalides en trempant les cocons dans l'eau bouillante, et l'on dévide ces cocons, qui ne sont autre chose que la soie elle-même. Cette soie écrue est ordinairement jaune ; elle a besoin d'être blanchie par l'opération du décreusage, qui consiste à lui enlever de la cire, de la matière colorante et de la gomme, au moyen de la macération et de l'action des agents chimiques. Il y a une variété de soie naturellement blanche, dont la qualité est bien supérieure à la jaune, parce qu'elle n'a pas besoin d'être soumise au décreusage, opération qui diminue nécessairement la force de la soie.

Ordre des diptères.

Les DYPTÈRES sont des insectes sans mâchoires apparentes, à deux ailes nues, sous lesquelles sont presque toujours deux petites pièces mobiles appelées *balanciers*, qui semblent tenir la place des ailes qui manquent. Leur bouche consiste généralement en une trompe servant de gaîne à un suçoir. Leur tête est unie au corselet par un col court et délié ; elle tourne sur le corselet comme sur un pivot. Ils subissent des métamorphoses complètes ; leurs larves n'ont point de pattes. Principaux genres : les *cousins* (mosquites, maringoins), les *mouches*, les *taons*, les *œstres*, etc. La plupart sont des insectes très-incommodes qui vivent sur ou dans l'intérieur du corps des animaux, auxquels

ils causent souvent des douleurs insuppor-
tables.

Ordre des aptères.

Cet ordre comprend les insectes qui sont constamment dépourvus d'ailes. Tels sont les *puces*

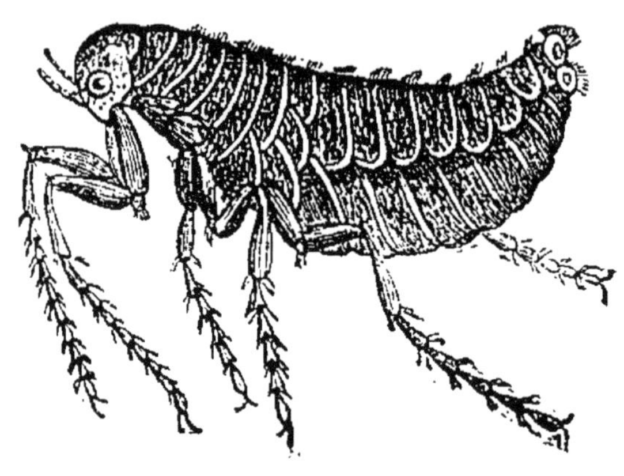

Fig. 84. La puce.

et les *poux*, espèces parasites, et les *forbicines*,
insectes qui courent très-vite et sont commune
parmi les livres, le vieux papier et le linge

CLASSE DES MYRIAPODES.

Les MYRIAPODES ou mille-pieds sont des animaux dont le corps, très-allongé, est composé
d'une suite d'anneaux semblables entre eux,
dont chacun porte une ou deux paires de pattes,

Le tronc ne se divise pas en thorax et en abdomen ; mais la tête se distingue par deux antennes, deux yeux et une bouche armée de mâchoires. Ces animaux respirent par des trachées, et font leur habitation dans la terre ou sous les différents corps placés à sa surface. On les partage en deux familles, celle des *iules* et celle des *scolopendres*.

Les *iules* ont, en général, deux paires de pattes à chaque anneau ; leurs mandibules sont dépourvues de palpes, et leurs antennes sont courtes et obtuses. Plusieurs espèces ressemblent à des cloportes, et, comme eux, peuvent se rouler en boule. Ces animaux vivent à terre, sous les pierres, les écorces d'arbres, ou dans les lieux sablonneux Les *scolopendres* ont le corps aplati, les antennes allongées et pointues, des mandibules avec des pattes, et une seule paire de pieds à chaque anneau du corps. Ces animaux courent très-vite, fuient la lumière et sont carnassiers ; leur bouche est armée de deux crochets qui distillent une liqueur vénéneuse.

CLASSE DES CRUSTACÉS.

Les CRUSTACÉS sont des animaux pourvus de membres articulés et respirant par des branchies, ayant en général la peau revêtue d'une croûte dure, qu'ils quittent et renouvellent à certaines époques. Ils ont le sang blanc, un cœur musculaire et des vaisseaux pour la circulation, plusieurs paires de mâchoires transversales, des antennes ordinairement au nombre de quatre, des yeux tantôt portés sur un pédicule et mobiles, tantôt sessiles et fixes. Leur corps se divise en tête, thorax et abdomen ou queue; mais le plus souvent la tête est exactement soudée avec le thorax. Les membres articulés ne sont jamais au nombre de plus de sept paires; mais les antérieurs, refoulés sous la bouche, peuvent devenir des mâchoires auxiliaires (on les nomme alors *pieds-mâchoires*). Les pieds proprement dits sont ceux qui servent à la marche; ils sont articulés avec le thorax, et il y en a toujours au moins dix.

Les crustacés se partagent en trois subdivisions, dont l'une comprend ceux dont les yeux sont mobiles, la tête ordinairement réunie au thorax, le corps fortement crustacé, et qui ont cinq paires de pieds (les *décapodes*); tous ont des palpes aux mandibules. La seconde comprend ceux dont les yeux sont sessiles, le corps faiblement crustacé, et qui ont ordinairement la tête distincte et sept paires de pattes (les *tétradécapodes*); une partie seulement a des palpes aux mandibules. La troisième réunit ceux qui ont le corps mou, protégé le plus souvent par une ou deux plaques de substance cornée, les yeux immobiles, souvent très-rapprochés et comme réunis en un seul (ce qui a fait donner le nom de *monocles* à la plupart de ces animaux), des pieds en forme de nageoires, et portant des branchies, jamais de palpes aux mandibules : ce sont les *branchiopodes*. Tous vivent dans l'eau, où ils nagent comme en bondissant; ce sont, en général, de petits animaux, et il en est de microscopiques.

Parmi les décapodes, ou genres à cinq paires de pieds, dont la première est ordinairement terminée en manière de pince ou de serre, les uns ont la queue courte, reployée sous le thorax dans l'état de repos, et sans nageoires au bout; ce sont les *décapodes brachyures*, ou les *crabes*; les autres ont une queue épaisse et allongée, non reployée sous le tronc pendant le repos, et terminée par des appendices latéraux en forme de lames, qui composent avec le dernier segment une nageoire en éventail : ce sont les *décapodes macroures*, ou les *écrevisses* (fig. 85), qui nagent au moyen de leur queue. Le grand développement que prennent les serres ou pattes de devant, qui servent d'organe de préhension aussi bien que d'organe locomoteur, oblige ces animaux à marcher de côté quand ils sont sur le sol ; au milieu de l'eau, les écrevisses ne se meuvent guère qu'à reculons, c'est-à-dire en sens contraire du mouvement qu'elles exer-

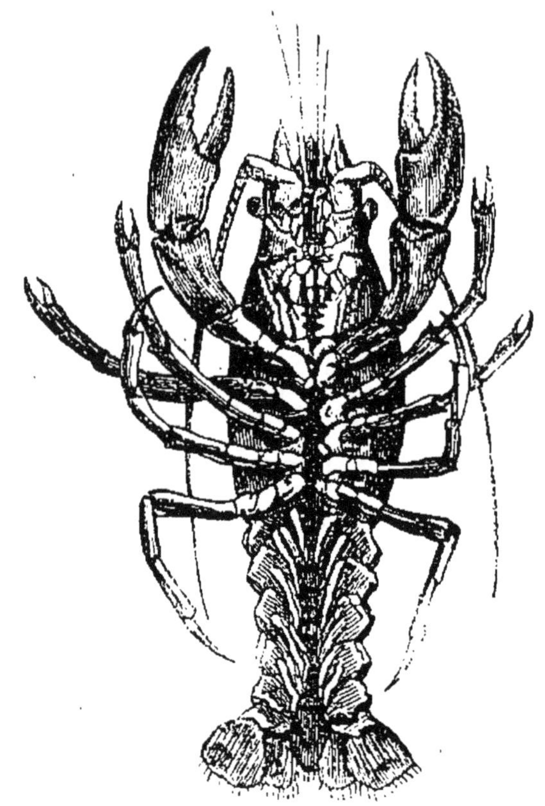

Fig. 85. L'écrevisse.

cent ; elles nagent en arrière à l'aide des mouvements de leur queue, qu'elles replient vivement en dessous ; elles ont un estomac garni de pièces dures, comme pierreuses, qui y broient les aliments. Leurs branchies sont placées sous les rebords de la carapace. Les femelles portent quelque temps leurs œufs, quoique pondus, attachés à des filaments sous la queue. A la famille des crabes appartiennent les *tourlouroux*, ou *crabes de terre*, qui habitent les pays chauds, se creusent des terriers, qu'ils abandonnent à une certaine époque de l'année, et se dirigent alors en ligne droite vers la mer, dont ils sont souvent fort éloignés, sans se laisser arrêter ni dé-

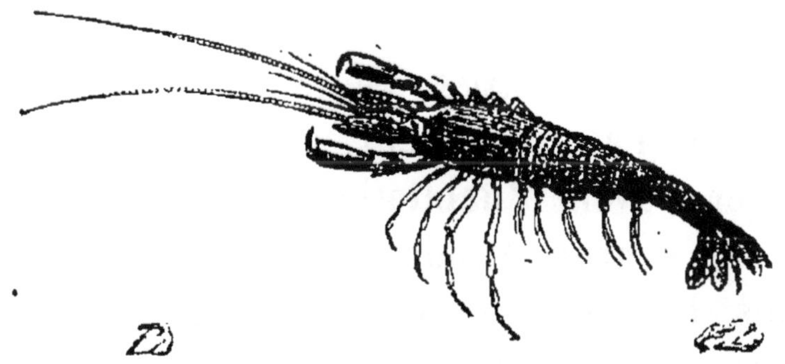

Fig. 86. La crevette.

tourner par aucun obstacle ; les *ocypodes*, qui courent avec une vitesse extraordinaire ; le *poupart* ou *tourteau*, qui est commun sur nos côtes, où sa chair est très-estimée ; son test est comme festonné de chaque côté, et de couleur brun-rougeâtre. A la famille des écrevisses appartiennent les *ermites* ou *pagures* qui s'emparent toujours de coquilles vides univalves pour y établir leur demeure ; les *langoustes*, qui parviennent à une taille considérable ; les *homards*

ou *écrevisses de mer*, les *écrevisses communes*
de rivière, les *salicoques* ou *chevrettes*, les *cre-
vettes*, etc.

Les mœurs des pagures sont fort singulières ;
leur carapace étant trop faible pour les garantir
des chocs extérieurs, ils s'approprient la coquille de certains mollusques, dans laquelle ils
s'enferment presque entièrement, à l'exception
de leurs pinces. C'est à cause de l'habitude qu'ils
ont de vivre ainsi dans une demeure empruntée,
et comme dans une sorte de cellule, qu'on leur
a donné le nom d'*ermites*. Leurs corps prenant
sans cesse de l'accroissement, ils sont obligés
de changer souvent d'habitation.

Parmi les genres tétradécapodes, nous nous
bornerons à citer les *cloportes*, que tout le
monde connaît, et qui vivent dans les lieux
humides de nos habitations. Ils se montrent
rarement au grand jour. Constamment fixés sur
les murs et sur les vieilles boiseries, ils ressemblent, per leur forme et leur couleur, à des têtes
de clou enfoncées dans le bois, ce qui leur a fait
donner le nom de *cloportes* (clou aux portes).
Quelques espèces ont la faculté de se rouler en
boule dès qu'elles sont surprises par leur ennemi. Enfin, aux branchiopodes se rapportent
les *limules* ou crabes des Moluques qui sont les
plus grands de tous les crustacés ; les *cyclopes,*

les *polyphèmes*, les *cythérées*, les *daphnies* qui sont au contraire très-petits et fourmillent dans les eaux dormantes, où ils nagent avec beaucoup de vitesse. Les limules sont remarquables non-seulement par leur taille, mais encore par la singularité de leur forme; leur test se compose de deux boucliers dont le supérieur est bombé et l'intérieur creux, en sorte que lorsque l'animal est renversé, il a la forme d'une casserole d'autant mieux que son corps se termine en arrière par une longue queue. Cette queue est très-redoutée dans l'Inde et en Amérique, parce qu'on est dans l'opinion que sa piqûre est venimeuse; les sauvages se servent de cette pointe en guise de fer de flèche. Les nègres se servent du test vide en guise de vase pour puiser de l'eau. La chair des limules est bonne à manger, et leurs œufs sont très-délicats. Ces animaux sont connus dans le golfe du Mexique, sur les côtes de la Caroline, aux Moluques, et dans les mers du Japon et de la Chine.

CLASSE DES ANNÉLIDES.

Les ANNÉLIDES, ou les vers à sang rouge, ont le corps mou, allongé, partagé en un nombre souvent considérable d'anneaux, par des plis transverses; ils n'ont point de membres articulés et ne subissent point de métamorphose. Les uns ont, pour s'aider dans leurs mouvements, des soies ou des faisceaux de poils roides et mobiles; les autres n'ont aucun appendice pour la locomotion : ils rampent en contractant et allongeant successivement les diverses parties de leur corps. Le premier anneau, qu'on nomme la tête, parce qu'il contient l'orifice de la bouche, est à peine distinct des autres. Cette bouche est tantôt un seul tube extensible, muni quelquefois de mâchoires et de tentacules : tantôt c'est un disque élargi qui fait l'office de ventouse, et qui sert en même temps à la progression de l'animal. Quelques-uus habitent dans des tubes qu'ils se construisent, soit en transsudant un suc calcaire, comme les mollusques, soit en agglutinant des grains de sable ou des fragments de coquille à l'aide d'une excrétion de leur peau. Ces tubes des annélides se distinguent des véritables coquilles tubuleuses, en ce qu'ils ne tiennent nullement au corps de l'animal et qu'ils sont ouverts par les deux bouts. Les espèces tubicoles ont généralement des branchies en forme de bouquets ou de pinceaux, attachés à la tête ou sur la partie antérieure du corps. Les autres ont des branchies répandues sur la longueur du corps, ou n'en ont point d'apparentes.

Nous citerons parmi les genres pourvus de soies : les *serpules*, les *amphitrites*, les *arénicoles*, les *néréides* et les *lombrics* ou *vers de terre*. Les serpules vivent dans la mer, elles sont remarquables par la solidité de leur tube calcaire, et par la beauté de leurs branchies, qui forment des panaches de couleurs brillantes et variées. On en trouve plusieurs espèces dans nos mers, où elles se tiennent à d'assez grandes profondeurs, entre autres la serpule commune ou boyau de mer, et la serpule vermiculaire. Les tubes de serpule sont tortueux et collés les uns aux autres en masses considérables, sur des coquilles, des rochers, etc. Les amphitrites vivent dans la mer et dans des tubes, comme les précédentes ; mais ces tubes sont moins solides et formés de petits grains de sable agglutinés. Une espèce se trouve communément à la surface des coquilles d'huîtres. Les arénicoles habitent des cavités creusées dans le sable et tapissées de fourreaux membraneux. La seule espèce connue est l'arénicole des pêcheurs : c'est un ver de 15 à 25 centimètres de long, très-commun sur tous les rivages sablonneux de nos mers, où l'on s'en sert comme d'appât pour la pêche des merlans et des maquereaux. Il est remarquable par la beauté et la disposition de ses branchies qui changent continuellement de couleur. Les néréides sont des **annélides** nues, qui nagent librement dans la mer, et qu'on recherche pour le même usage que les arénicoles ; elles ont des branchies tout le long de la partie moyenne du corps. Les lombrics ou **vers de terre**, que tout le monde connaît, vivent dans la vase ou dans la terre humide ; ils se nourrissent de matières organiques que contiennent le terreau et le fumier. On sait qu'il s'en montre des milliers à la surface de la terre après la pluie.

Parmi les genres dépourvus de soies, nous citerons les *sangsues* (fig. 87). Celles-ci sont

Fig. 87. La sangsue.

des vers allongés, de forme aplatie, pourvus à leurs deux extrémités d'un disque qui fait l'office de ventouse. Elles marchent en s'accrochant sur les corps par l'une et l'autre extrémité alternativement. Leur bouche qui est située sous l'une d'elles a trois petites dents qui entament la peau des animaux dont la sangsue tire le sang pour se nourrir ; elles n'habitent que les eaux douces. On les trouve abondamment dans presque toutes les eaux dormantes, où elles se rendent quelquefois très-incommodes, en s'attachant aux bestiaux qui vont boire. On en connaît plusieurs espèces, entre autres la sangsue médicinale qu'on emploie à faire des saignées locales, la sangsue de cheval, etc.

ANIMAUX RAYONNÉS.

Les animaux rayonnés ont une organisation beaucoup plus simple que ceux des divisions précédentes, dont ils se distinguent principalement par des caractères négatifs. Ils sont dépourvus de tête, d'yeux et de membres articulés : leur forme générale présente toujours, soit dans le corps lui-même, soit dans ses appendices, une disposition étoilée ou rayonnante, ce qui les a fait comparer aux plantes dont les parties ont cette même disposition. De là le nom de *zoophytes* (animaux-plantes) qu'on leur a donné. La plupart ont d'ailleurs une simplicité de tissu qui les rapproche encore des végétaux ; et, comme dans le règne végétal, on voit quelquefois les individus d'une même espèce se greffer entre eux pour former des êtres composés, il arrive aussi très-souvent dans ce cas que les individus simples forment, par leur réunion sur une partie commune, des corps en général arborescents, de forme assez constante, mais différente de celle des composants. Le tissu de ces animaux est souvent solidifié par un dépôt crétacé, qui se fait régulièrement par couches, ou bien irrégulièrement dans toute l'étendue du corps en donnant lieu à ce qu'on nomme un *polypier*. Le système nerveux des zoophytes est rarement distinct : lorsqu'on en a aperçu des traces, elles présentaient la disposition rayonnée. A peine trouve-t-on dans quelques-uns de ces animaux des indices de circulation et de respiration. Le plus grand nombre d'entre eux (qui sont aquatiques) ont le corps traversé par des canaux auxquels on a donné le nom de *trachées aquifères*. Leur canal intestinal est rarement pourvu de ses deux orifices : il est presque toujours incomplet, ou même nul. La position normale de presque tous ces animaux est la verticale, la bouche étant en bas ou en haut, suivant que l'animal est libre ou fixé.

Les zoophytes se divisent, d'après le plus ou moins de complication de leur organisation, en six classes, qui sont les *helminthes* ou vers intestinaux, les *échinodermes*, les *malacodermes* ou méduses, les *actinies*, les *polypes* et les *infusoires*.

Les *helminthes*, nommés aussi *vers intestinaux*, ont des rapports avec les annélides ; ils font comme le passage des animaux articulés aux animaux rayonnés. On pourrait, avec plus de raison peut-être, les classer parmi les articulés, à la suite des annélides. Leur corps est en général allongé ou déprimé ; ils n'habitent et ne peuvent se propager que dans l'intérieur du corps des autres animaux. Les uns sont des vers aplatis, comme les *douves* et le *ténia* ou *ver solitaire*, qui vit dans les intestins de l'homme ; les autres sont des vers arrondis ou vésiculeux, comme les *ascarides*, les *strombes*, les *filaires* ou *hydatides*.

Les douves sont de petits vers mous de 1 à 3 centimètres de long, dont il existe un grand nombre d'espèces. La plus célèbre est la douve du foie, qu'on trouve sur la plupart des ruminants, et dans le cochon, le cheval, et même l'homme. Son corps est aplati, ovale, gros en avant et mince en arrière. Il abonde tellement quelquefois dans l'intérieur des moutons qui paissent dans les prairies humides, qu'il n'est pas rare de voir ces mammifères devenir hydropiques, et périr par suite de son excessive multiplication.

Les ténias ont le corps plat comme un ruban, et composé d'articulations distinctes ; leur tête est carrée et garnie de quatre petits suçoirs. Ils sont fort souvent longs de plus de 6 mètres. On en connaît plusieurs espèces dans l'homme. Ces vers parasites se nourrissent du chyle contenu dans le canal intestinal ; s'appropriant ainsi les aliments destinés à l'animal, ils l'épuisent, lui causent de grands maux, et même la mort. On ne parvient à l'expulser qu'en employant les plus violents purgatifs, encore arrive-t-il souvent qu'on n'en chasse qu'une partie, et ce qui reste reproduit le ténia en très-peu de temps.

Les ascarides ressemblent à des vers de terre : ce sont, après les ténias, les vers les plus communs et les plus dangereux. Ils attaquent surtout les enfants. Les strongles ont beaucoup de rapports avec les ascarides ; on les trouve fréquemment dans tous les viscères des chevaux. Les filaires ont le corps mince et fort long, absolument semblable à un fil pointu par les deux bouts ; on les trouve dans le corps des insectes et de toute sorte d'animaux. Elles s'y développent quelquefois en si grande quantité, qu'elles y forment des pelotes assez considérables dans le tissu cellulaire. L'une des espèces les plus remarquables est la filaire commune ou *ver de Médine*. Elle est très-répandue dans les pays chauds, où elle s'insinue sous la peau de l'homme, principalement aux jambes et sous la plante des pieds. Comme elle cause d'abord peu de douleur, elle reste longtemps inaperçue, et l'on ne s'aperçoit de sa présence, que lorsqu'elle a grandi, et atteint la grosseur d'un tuyau de plume. Cet animal alors cause des douleurs atroces, des convulsions nerveuses effrayantes, et quelquefois la mort. Le seul moyen de faire cesser ces terribles accidents, c'est de l'extraire avec beaucoup de précaution, de manière à n'en rien laisser, car la moindre partie suffirait pour le reproduire et renouveler le mal. Les hydatides sont des vers dont le corps se termine postérieurement par une sorte de vessie remplie d'eau. On en connaît plusieurs espèces, dont une détermine chez le cochon la maladie connue sous le nom de *ladrerie*, et une autre (l'hydatide du cerveau) attaque celui des moutons et produit en eux cette maladie singulière qu'on nomme le *tournis*.

Les *échinodermes* sont des animaux revêtus d'une peau épaisse, coriace ou calcaire, armée de pointes ou d'épines articulées ou mobiles ; la plupart offrent à la surface de cette enveloppe solide des rangées de trous par lesquels sortent des pieds rétractiles, espèces de tentacules, qui servent à la locomotion par leur disposition en suçoirs. Souvent leur bouche est garnie de pièces calcaires, qui tiennent lieu de dents et de mâchoires. A cette classe appartiennent les *astéries* ou étoiles de mer (fig. 88, p. 280) qui ont le corps aplati et formant un disque, d'où naissent cinq rayons principaux ; au centre de ces rayons est la bouche, qui sert en même temps d'anus. Chacun de ces rayons a en dessous, du côté où est la bouche, un sillon longitudinal, dans lequel sont percés tous les petits trous qui

Fig. 88. L'étoile de mer.

laissent passer les pieds; le reste de la surface inférieure est garni de petites épines mobiles.

Le côté opposé est dépouvu de pieds, mais il est garni de tubes beaucoup plus petits, que l'animal n'étend que lorsqu'il est dans l'eau, et qui paraissent servir à la pomper. Ces animaux se nourrissent de vers et de petits crustacés. Ils ont une grande force de reproduction; non-seulement ils reproduisent les rayons qui leur sont enlevés avec une extrême rapidité, mais un seul rayon détaché peut reproduire tous les autres. Plusieurs espèces dont les rayons se subdivisent dès la base, se nomme vulgairement *tête-de-Méduse*. Les *encrines* sont des espèces d'astéries, portées sur une tige composée d'un grand nombre d'articles et fixée sur les corps marins par une partie en forme de racine. Leur corps est protégé par une sorte de calice ou de cupule à cinq rayons doubles avec trois articulations simples à leur base. La tige est formée d'articles ronds et polygonaux, percés d'un trou à leur centre, et sa surface est souvent pourvue de branches dispersées circulairement. On a trouvé sur les côtes d'Irlande, et dans la mer des Antilles, quelques encrines vivantes; mais c'est surtout à l'état de pétrification que ce genre est connu : à cause de sa ressemblance avec un végétal, on lui donnait anciennement le nom de *lis des pierres*. Les articles de la tige et les rayons, qui sont empilés comme des vertèbres, se rencontrent souvent isolés, et sont alors désignés par le nom d'*entroques*.

Un autre genre de la même classe est celui des *oursins* ou hérissons de mer (fig. 89, p. 282), qui ont le corps revêtu d'un test calcaire, couvert de piquants ou de baguettes articulées sur des mamelons ou tubercules, et mobiles au gré de l'animal. Ce test est percé de plusieurs rangées régulières de petits trous, par où sortent des pieds rétractiles. Ils ont une bouche garnie

Fig. 89. Oursin ou hérisson de mer.

de dents, et un anus distinct. Ils peuvent changer de place au moyen de leurs pieds et de leurs piquants. On en trouve dans toutes nos mers, et on les rencontre aussi très-communément à l'état fossile dans les couches de la terre. Le test est composé de plaques polygonales disposées sur vingt rangées ; les séries de petits trous forment, par leur assemblage, comme des allées de jardin, ce qui a fait donner aux espaces qu'elles comprennent le nom d'*ambulacres*. C'est sur le nombre et la disposition des ambulacres que porte en partie la distinction des espèces. Parmi les différents genres de ces animaux, on distingue : 1° les *spatangues*, dont le test est ovale, qui ont la bouche sous la coquille, un peu vers le devant, et l'anus précisément à

Fig. 90. L'holothurie.

son extrémité postérieure; les ambulacres forment une rosace sur le dessus, et les épines sont courtes et minces comme des poils : 2° les *oursins proprement dits*, qui ont le corps plus ou moins convexe et sphérique, la bouche au milieu de la face inférieure, l'anus directement au-dessus : les ambulacres allant de l'un à l'autre et divisant le test en côtes comme un melon. L'oursin commun est de la forme et de la grosseur d'une pomme, et se mange dans les ports de mer.

Nous citerons encore parmi les échinodermes pourvus de pieds, les *holothuries* (fig. 90), qui ont un corps de forme cylindrique, ouvert aux deux bouts, et revêtu d'une peau coriace et épaisse. La bouche est entourée de tentacules branchus, très-compliqués, qui peuvent rentrer entièrement. Nos mers en nourrissent plusieurs espèces : l'holothurie timide, le concombre de mer, etc.

Comme exemple d'échinodermes sans pieds, nous nous bornerons à mentionner les *siponcles*, dont le corps est allongé comme celui des lombrics, et qui servent à la nourriture de l'homme. Ils vivent enfouis dans le sable, sur les plages de l'océan Indien.

Les MALACODERMES ou méduses, nommés aussi *orties de mer*, sont des animaux aquatiques, mous, charnus ou gélatineux, dont le corps libre, de forme ovale ou circulaire, est couvert d'une peau extrêmement fine, produisant sur celle de l'homme une sorte d'urtication, et présente des appendices rayonnés de forme variée. On aperçoit encore dans ces animaux des traces de fibres, d'intestins et d'ovaires. On ne les rencontre que dans la mer, où ils flottent et nagent à l'aide des contractions et dilatations alternatives de leur corps. Plusieurs même s'y soutiennent à l'aide de vessies remplies d'air. Les principaux genres de cette classe sont: .⸳ les *méduses proprement dites*, qui sont des

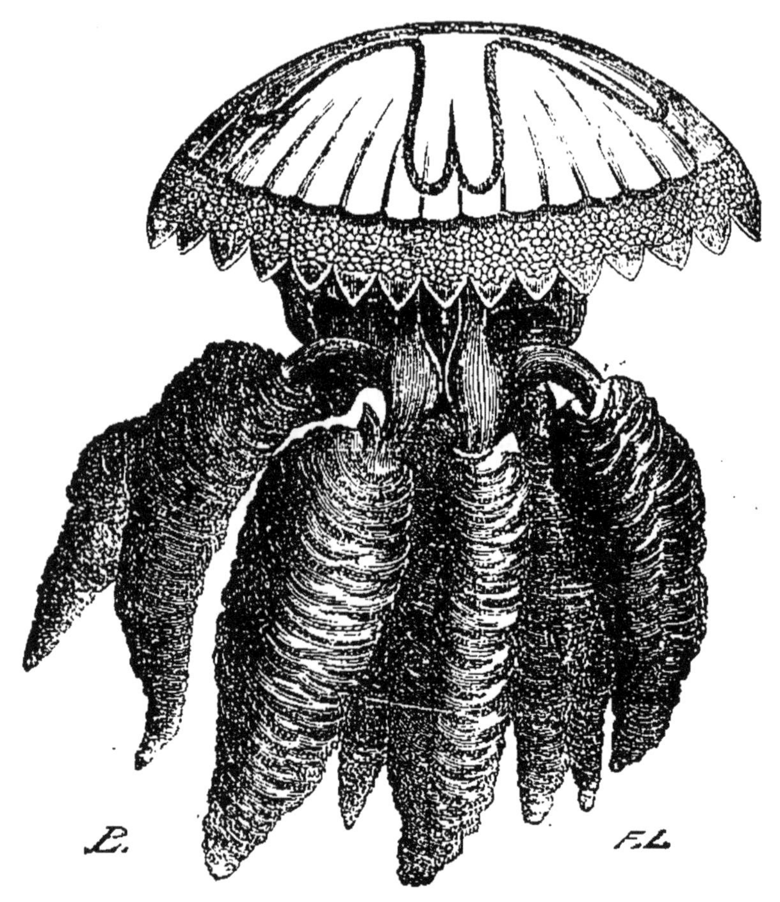

Fig. 91. Méduse croisée.

masses gélatineuses, transparentes, diversement colorées, de forme hémisphérique dans l'état de repos ; elles ressemblent en quelque sorte à des champignons ou à des ombrelles, ce qui a valu ce dernier nom à leur corps. La face inférieure de l'ombrelle est souvent garnie de divers tentacules et d'appendices foliacés. Au centre de cette face toujours aplatie se trouve placé l'orifice du canal digestif, qui sert en même temps de bouche et d'anus ; 2° les *porpites*, qui ont leur ombrelle soutenue à l'intérieur de la face dorsale par un cartilage, et dont la face inférieure est couverte d'un grand nombre de petits tentacules très-extensibles. Les porpites diffèrent des méduses en ce que celles-ci flottent toujours entre deux eaux, tandis que les porpites nagent toujours à la surface du liquide à la manière des oiseaux aquatiques, en se servant de leurs tentacules ; 3° les *physales*, qui ont une sorte de vessie natatoire ; 4° les *béroës*, qui ont des côtes saillantes garnies de cils, à l'aide desquelles ils nagent en tournant. Ces animaux sont phosphoriques, et répandent pendant la nuit une lueur brillante.

Les ACTINIES sont des animaux mous ou coriaces, très-contractiles, ayant un canal intestinal à un seul orifice, et dont la bouche est garnie d'une ou de plusieurs rangées de tentacules creux, en nombre indéterminé, qui s'épanouissent comme les pétales d'une fleur : de là les noms d'*anémones de mer*, de *zoanthes* ou de *fleurs animales*, que l'on a donnés à certaines espèces. Ces animaux sont d'ailleurs ornés de couleurs vives et variées, et ils ont l'habitude de se fixer par leur base sur les rochers, à la surface desquels la plupart demeurent continuellement attachés, tandis que quelques espèces peuvent se déplacer en rampant. Ils se nour-

Fig. 92. Anémone œillet.

rissent de petits crabes, qu'ils saisissent et enveloppent avec leurs tentacules.

Ces animaux sont célèbres par leur force de reproduction. On distingue les *actinies molles* ou actinies proprement dites, dont le corps est mou et contractile dans toutes ses parties, et les *actinies coriaces* (ou *zoanthes*), dont le corps est encroûté extérieurement ou solidifié à l'intérieur par des particules étrangères, et donne par la dessiccation une sorte de polypier coriace.

Les POLYPES sont de petits animaux gélatineux à corps cylindrique ou conique, le plus souvent en forme de bourse ou à une seule ouverture, dont les bords sont garnis de filaments tentaculaires simples, généralement sur un seul rang et en petit nombre. Ils sont susceptibles de croître par bourgeons, et de former par là des animaux agrégés ou composés. On les divise en deux ordres : les *polypes nus*, et les *polypes à polypier*. Les polypes nus sont ceux dont le corps n'est solidifié par aucune partie dure. Tels sont les polypes à bras ou les *hydres* (fig. 93), dont le corps est transparent, et que l'on trouve dans les eaux dormantes, attachés à des corps solides, principalement sous les lentilles d'eau. Ils vivent de petits animaux aquatiques, qu'ils saisissent avec leurs tentacules et mettent dans la poche formée par leur corps ; la digestion s'opère dans cette espèce d'estomac, et le résidu est rejeté par la bouche. Ces polypes d'eau douce sont célèbres par les expériences auxquelles ils ont donné lieu. Un polype dont on retranche une partie quelconque la repousse bientôt. Si on le coupe en deux, chaque moitié redevient un polype entier. On peut greffer deux polypes ou deux moitiés de polype; on peut retourner un polype comme un gant, sans qu'il cesse pour cela de remplir ses fonctions.

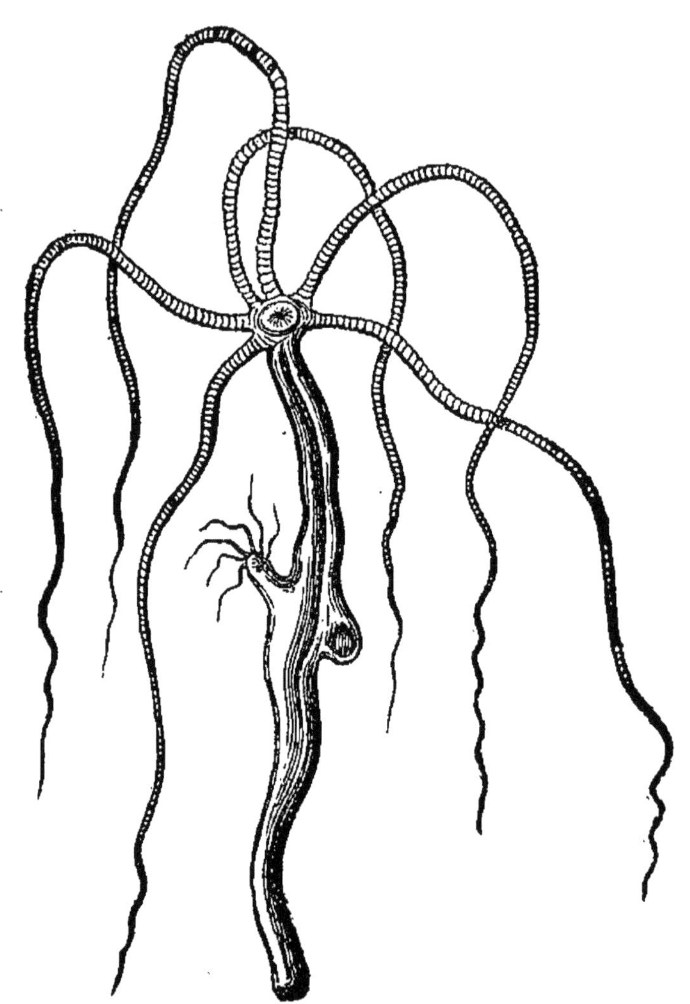

Fig. 93. L'hydre.

Les polypes à polypier sont de petits animaux plus ou moins analogues aux polypes à bras, qui

issent en grand nombre pour former des
ux agrégés, et qui sont soutenus dans
ieur de leur masse par un réseau de par-
lides, calcaires ou cornées, qui constitue
l'on nomme un *polypier*. Le plus ordi-
ent, ces animaux composés sont fixes
e des végétaux, et leur polypier prend
rme arborescente : aussi les a-t-on long-
regardés comme des plantes marines. Les
ux particuliers sont liés tous par un corps
neux commun, au moyen duquel ils sont
mmunauté de nutrition et quelquefois
de volonté.

rdre des polypes à polypier comprend les
es à polypier pierreux, les *polypes men-
eux*, les *polypes douteux* et les *zoophytes*
rement dits.

s polypes à polypier pierreux sont des ani-
x contenus dans des cellules calcaires fort
es, le plus souvent accumulés de manière
rmer un polypier solide, fixe et ordinaire-
t arborescent. Ils comprennent les *madré-
s*, les *tubipores*, etc.

es madrépores sont des animaux analogues
actinies, mais ordinairement agrégés, et
ou moins déformés alors par leur greffe
proque; contenant dans leur tissu une plus
moins grande quantité de matière calcaire,

'où résulte par la dessiccation un polypier olide, pierreux, souvent arborescent, dont la urface présente des cellules ou loges garnies e lamelles convergentes qui forment comme es étoiles. Dans l'état de vie, ce réseau calcaire emplissait les mailles de la partie animale : la roportion relative de la matière calcaire à la atière vivante varie avec l'âge, de sorte que a base et l'intérieur du polypier sont le plus ouvent durs et presque complétement mortes, tandis que le sommet et les bords sont encore tendres et vivants, à peu près comme dans les arbres. Les petits animaux sont entre-greffés par leur corps, ce qui produit la partie commune calcaréo-membraneuses, et chaque individu n'a de distinct que sa bouche et ses tentacules. Les madrépores sont excessivement abondants dans les mers des Indes et de l'Amérique. On en connaît un grand nombre à l'état vivant, ou de pétrification. Nous citerons comme exemples : les *fongies*, qui sont des polypiers simples, présentant en dessus une seule étoile formée de lamelles convergentes ; les *caryophyllies*, polypiers simples, branchus, avec des étoiles seulement au bout des branches ; les *caténipores*, polypiers complexes, formés de loges tubuleuses, lamellifères, réunies par le côté de manière à former des lames épaisses anasto-

sées ; les *méandrines*, composées de loges
fluentes et confondues latéralement, et dont
surface présente comme des vallons séparés
r des collines sillonnées en travers ; les *pavo-*
, à collines élevées en feuilles ou crêtes
nchantes, sillonnées des deux côtés ; les
trées, qui présentent une large surface bom-
e, creusée d'étoiles ; les *madrépores propre-*
ent dits, dont les polypiers sont en général
borescents, à loges petites, et constamment
reux dans les intervalles et dans les parois
s cellules : leur surface est hérissée de pe-
es étoiles à bords saillants.

Les tubipores sont des animaux polypiformes.

Fig. 94. Tubipore musique.

ontenus dans des tubes calcaires cylindriques,
parallèles, et unis ensemble de distance en dis-

tance par des lames transverses, ce qui les a
fait comparer à des tuyaux d'orgue. Exemple :
le *tubipore musique*, qui est d'un beau rouge, et
dont les polypes sont verts.

Les *polypes membraneux* sont des animaux
contenus dans des cellules, rarement calcaires,
et disposées en membrane appliquée ou encroû-
tante : leurs polypiers sont plus ou moins flexibles.

Tels sont : les *eschares*, dont le polypier
calcaire, cassant et friable, se développe en ex-
pansions aplaties, ou en croûtes adhérentes ;
les *rétépores*, qui sont des eschares percées de
mailles ; les *cellépores*, amas spongieux de petites cellules percées chacune d'un petit trou ;
les *cellulaires*, dont les cellules se disposent en
quinconce circulaire à la surface des branches
d'un polypier arborescent ; les *flustres*, dont les
cellules, unies comme des rayons d'abeilles,
forment un polypier flexible, étalé en une sorte
de croûte ; les *tubulaires* et les *sertules*, dont les
polypiers membraneux, formés de cellules tubuleuses ou non, représentent de petites plantes
délicates : ces derniers sont connus vulgairement sous le nom de plantes marines. Ils offrent une tige cornée, fixée par des filaments
radiciformes, sur les côtés de laquelle sont les
cellules ; cette tige est traversée par un axe

gélatineux, sorte de moelle qui se continue dans le corps de chaque polype

A la famille des *polypes douteux* se rapportent des animaux et des corps assez semblables aux polypes et aux polypiers, mais dont la nature n'est point encore bien connue. Tels sont : les *cristatelles* et les *plumatelles*, sortes de polypes à plumes que l'on trouve dans les eaux dormantes ; les *alcyonelles* des étangs, qui sont des masses subériformes habitées par de petits animaux semblables aux cristatelles ; les *corallines*, qui sont des corps marins, semblables à des polypiers arborescents, portés sur des espèces de racines, et à la surface desquels on n'aperçoit ni pores ni cellules ; plusieurs naturalistes les rapportent au règne végétal.

La dernière famille, celle des *zoophytes proprement dits*, comprend des animaux polypiformes, pourvus d'une couronne simple de tentacules pinnés (ordinairement au nombre de huit), agrégés et liés entre eux par une partie commune vivante, à peu près comme les bourgeons d'un arbre par la tige, et s'accroissant à la manière des plantes. Ces animaux sont placés dans une sorte d'écorce vivante, qui enveloppe un axe solide, calcaire ou corné, composé de couches concentriques, libre ou fixé par un large empâtement. Tels sont : les *coraux*, qui sont toujours fixés, auxquels appartiennent le corail du commerce, que l'on pêche dans la Méditerranée; les issis, les gorgones, les antipathes. — Les *pennatules*, ou plumes de mer, qui sont libres et nagent par le mouvement combiné de **tous** leurs polypes. Une de leurs parties est sans polypes, cylindrique, et représente la tige d'une

Fig. 95. Un polype de corail rouge.

plume; l'autre partie est garnie de chaque côté de barbes soutenues par des épines ou acicules calcaires, et c'est d'entre ces barbes que sortent les polypes. — Les *alcyons*, animaux polypiformes, faisant partie d'une masse commune, vivante, sans forme déterminée, soutenue par des acicules calcaires, et toujours adhérente. A côté des alcyons on place ordinairement des corps marins, sans polypes visibles, sans formes déterminées, qui ont pour base une substance spongieuse, plus ou moins fibreuse, entremêlée d'une partie gélatineuse, dans laquelle on a remarqué des contractions : telles sont les *éponges*.

Les éponges communes se trouvent principalement dans les mers de la Grèce. Il existe un genre d'éponges fluviatiles, auquel on a donné le nom de *spongille*.

Les coraux et les éponges sont l'objet d'un commerce assez considérable pour les peuples qui habitent le littoral de la Méditerranée. Le corail ordinaire est l'un des plus jolis polypiers que l'on connaisse; fixé aux rochers sous-marins par un large pied qui fait corps avec eux, il résiste à l'action des vagues, et parvient en vieillissant à acquérir une grande dureté, et une taille d'environ 3 décimètres ; il ressemble alors à un petit arbuste. Sa belle couleur rouge le fait rechercher comme objet de parure. La principale pêche du corail a lieu sur les côtes de Barbarie. On voit (fig. 95, p. 295) le corail du commerce; cette figure ne représente qu'un seul rameau grossi, avec ses polypes.

Les éponges sont également fixées aux rochers à l'aide d'un pied évasé, et y adhèrent avec assez de force pour que le mouvement des flots ne puisse pas les en détacher. On les rencontre abondamment dans les mers voisines de l'Équateur. L'espèce commune, dont on fait un si fréquent usage en Europe, se pêche dans la Méditerranée. et principalement dans les îles d

Fig. 96. Corail rouge.

l'Archipel grec. On va la chercher en plongeant; on la lave à plusieurs eaux, puis on la trempe dans une dissolution de chlore pour la blanchir et la débarrasser d'une odeur désagréable qu'elle exhale dans son état naturel.

La dernière classe renferme ces animalcules si petits qu'on ne peut les apercevoir qu'avec le microscope, et qui fourmillent dans les eaux dormantes. On les a nommés INFUSOIRES, parce qu'on les observe le plus souvent dans des liquides qui ont tenu des matières animales ou végétales en infusion. Nous citerons, parmi les principaux genres qu'on y rapporte : les *rotifères*, qui ont des organes en forme de cils, qui tournent sans cesse avec rapidité ; les *vibrions*, ou prétendues anguilles de la colle et du vinaigre; les *monades*, qui sont les plus simples et les plus petits des animaux connus. Au microscope, ils ne paraissent que comme des points qui se meuvent avec beaucoup de vitesse, sans aucun organe apparent de mouvement. On y a cependant reconnu des indices d'intestins.

FIN.

TABLE DES MATIÈRES.

FIN DE LA TABLE.

2878 — Paris. Imp Laloux fils et Guillot, 7, rue des Canettes

www.ingramcontent.com/pod-product-compliance
Ingram Content Group UK Ltd.
Pitfield, Milton Keynes, MK11 3LW, UK
UKHW021013140726
13695UKWH00001B/228

9 782013 273756